空中菜園！用種菜箱實現城市田園樂

陽台、窗台、露臺、頂樓，四季都能豐收葉菜瓜果

Part 1
認識種菜箱

Part 2
種菜箱各式組裝與栽種

Part 3

用種菜箱堆肥、孵芽菜

Part 4 案例觀摩

通氣式種菜箱從構想、研發到獲獎

其一

1950 年台灣光復初期，父母以農業維生，靠微薄收入辛苦養育 8 個兄弟姊妹，1965 年我由農校畢業，到彰化學習機械木模，當時台灣正興起紡織工業，利用晚間進修工業設計製圖。1970 年從高雄憲兵隊退役後，即在當地就業，進一步製作困難又複雜的船舶內燃機引擎木模，經過半年磨練，決定到台北最高技術的木模工廠再磨練。

適逢台灣的電子工業正起步，公司發展用手工技術刻出木片 0.3 公分薄薄的散熱孔，製作出可裝配的黑白電視機外殼的模型，技術上是一大進展。也因個人十分努力與用心，工作適應很快，有計劃有目標認真精研，薪資也連續調升。

在我退役前 2 個月，家中大哥因大腸癌病故，那時二哥正就讀大學，鄉下父母還有 2 位弟妹及 6 位姪兒要養育，自己的工作所得及過年加發的獎金，都全數寄回家補貼家用。薪資的連續調升很難得，對家中經濟支持很重要，更是個人的一大鼓勵與肯定。

70 年代配合工業的發展及客戶需求，對模型外觀要求也逐漸提升；但因木頭材質有紋路不易噴漆上色，而先前趁空檔曾學過皮革的噴漆技術，於是建議公司改用塑膠板來製作模型，但要改變老闆根深蒂固的觀念和做法並不容易。

鑒於客戶的需求日增，遂在凱普公司的設計工程師蘇老師 (師大美術系畢業) 的鼓勵下勇敢創業。籌劃僅 1 個月的時間，用不到 1 萬元的儲蓄，到萬華中古市場買鑽孔機、空壓機、鋸床及雕刻手工具，就這樣在三重一間 2 坪大的小房間內開始營業。當時為了接訂單，清晨就從三重騎同事汰換的腳踏車，出發到新店台灣農機及淡水沙崙海邊的東元電機談生意；即使創業惟艱，但信念與步伐是無比堅定的。

就這樣靠著雙手及觀察並因應工業發展的需求，加上友人的鼓勵，在作品退回 5 次後，終於得到凱普日本的工程師的認可，漸漸領悟手工模型設計與製作的訣竅，短短 3 年內，公司人數由 1 個人開始，進而增加至 20 人，工廠也由 2 坪擴展到 25 坪，並須日夜加班及輪班來調度產線。交期一到就完成並交出產品，符合客戶的需要是我的責任，印證了天下無難事只怕有心人的道理。3 年後，有了資金與基礎，便以分期付款買了第一間 50 坪的工廠，10 年後再購置了目前的廠房，1 至 4 樓每一層 100 多坪，5 樓頂則整個樓面種菜。

走過 60 年代，工商發展蓬勃迅速，由黑白電視、收音機、唱盤、音響面板、玩具、電話機、彩色電視、到筆記型電腦、手機等等。個人經手製作過的新產品，超過 10 萬件以上。由於生長在農村，兒時每天早起協助務農，種菜是必然的農村生活；爾後在都市每天用腦設計，緊張忙碌時，就特別嚮往回到農村的步調。於是在自家工廠頂樓用各種花盆種樹、種菜，由於從小已有經驗，又是農校畢業，每次栽種都是大豐收；由十幾箱逐漸增加到百餘箱，經常在外面忙得頭痛回家吃不下飯，去整理園圃，看看快速長成的菜、澆澆水，頭痛竟神奇地不藥而癒了！

十多年來，心中一直存有種菜箱的設計念頭，構想中的種菜箱需要可大可小，可保水可通氣、可賦予多功能的產品，還可以離開地面保護屋頂不會潮濕，可以加高站著種菜，又可構築成簡單的綠色隧道，也可以組裝成迷你網室防蟲害…等優點，要像積木一樣可靈活地堆疊拆解，讓客戶可以量身打造一個屬於自己也是適合自己的種菜空間。

2003 年之後，因台灣產業轉型及大量工廠外移至中國，原先事業和生意大受影響。於是開始應用我做過十幾萬件產品的經驗，落實存在腦海中的構想，將種植箱設計製圖出來，歷經半年圖面共修改了 27 次，終於在 2004 年開模完成。開始先在自家樓上試用，隨後又修改了 20 幾次。2005 年參加國家發明展即榮獲得金牌獎，因此開始在全省各地的特力屋為通路上架銷售，也在台北建國花市推廣得很快並有不錯的業績。配合十多年來陸續開發的自動澆水系統，大臺北地區至 2015 年八年時間已完成 1200 個綠屋頂，在育材的網站更有六千多張照片的實例分享。這個通氣種植箱並外銷香港、歐洲及美國，量產迄今已達一百萬個以上。

此產品設計上確實符合構想中可保水可通氣、且可大可小的組合多變性。用在 2 米高斜坡的生態工法已施作 20 多個防坡堤，並用掉 6000 個箱子，每個斜坡上的數拾至數百個階梯的格子 (箱子) 都可種花、種樹來盤根，即使經過 10 多年後箱子損壞，但根群已盤繞地底。

其二

有感於先前工作忙碌常沒空澆水，之前已利用工作小空檔完成串連滴灌配件設計，之後著手設計出一台自動澆水控制器。

育材的自動澆水定時器已有多項專利，2004 年榮獲金頭腦獎。安裝 2 顆 3 號電池可使用半年到一年，沒電還有蜂鳴聲提醒更換電池，2 顆旋鈕各 8 段加 1 個按鍵，可變成 800 段以上時間控制，左邊旋鈕設定多久澆水一次，雖只有 8 個選擇但可依需求選擇。另右邊的旋鈕，可以設定澆水每次由澆 10 秒、幾分鐘、幾小時。主要是在固定的 8 段設計，所有幾秒、分、時、天，如沒有合適的選項只要 3 秒內去按功能鍵一次就會秒的加 10 秒，分的加 1 分、時的加 1 小時、天的加 1 天。

另設定後長按 3 秒有長嗶聲後，還可每按 1 下延遲設定 1 小時，即白天可以就設定深夜澆水。手動澆水更是方便，將功能鍵按 3 下就會澆水 1 分鐘，也是加按 1 下加 1 分，執行澆水後自動關水，原來雙旋鈕的設定還是照常執行，操作十分簡單方便，且價格便宜，學習 1 分鐘就可上手。

其三

自然發酵廚餘桶的設計，源起於國外友人告知在國外大都有庭院，很多落葉及家庭廚餘果皮的堆肥，都是購買設計好的一個大桶，有通氣孔及蓋子可翻轉，每個約台幣 1 萬多元。經過一個星期的思考，我利用通氣種植箱的變化組合，3 層連通成一大箱，售價不到一千元，1 次可容納 50 公升廚餘，腐熟後容量降至 20 分之 1，可繼續加入廚餘，腐熟的部分可翻轉由下蓋取出使用。用在家庭廚餘的堆肥，就像復古的堆肥概念，可一層一層埋入，通氣腐熟快。

坊間有一本堆肥變沃土的書藉，專門介紹各式堆肥法，作者綠精靈工作室唯一推薦育材的通氣種植箱很適合在陽台及頂樓做堆肥，無腐朽的臭味，因而大受歡迎。

其四

寶特瓶滴水是另一個小兵立大功的產品，感謝前台北市長黃大洲先生的提示，可利用注射點滴的方法來自動澆水，很快的應用原有模具，花 2 個星期時間研發即推出產品。只要一個塑膠鋼小螺牙零件，加上可調水量的螺帽，一個售價 10 多元裝在大一點的寶特瓶，就可滴水 4、5 天，一個小創意設計產品，就可讓你外出旅行也不用煩惱家中植物的澆水問題，方便了很多人。

其五

雨水回收魚菜共生系統是感於 2015 年缺水嚴重，故著手開發新裝置來充分利用水資源。同樣是應用育材的通氣種植箱、及接管系統，加做一個沒有通氣的水桶，使用連結的系統可以由小而大，只要在屋頂載重程度內，加高、加長、加寬加大至像游泳池甚至大如水庫，無限加大容水量，最上面一層可以種菜吸收底下的水，就不用澆水，也可養魚，方便魚菜共生，增加水資源的利用。目前已試模完成，正在測試種菜、魚菜共生，效果不錯，雨水回收也已列入後續排程的測試階段。

60 歲以後，本著活到老學到老及教學相長的精神，經周英戀老師 (全國技能競賽花藝裁判長) 介紹至空中大學講授”各種廚餘的堆肥方法”，接著也在臺北藝術大學推廣教育班教授”休閒有機種植”課程。在周老師的鼓勵下，開始參加景觀造景、園藝丙級證照班考試，因為是興趣，順利取得不是難事；也參加文化大學所舉辦之國際園藝治療師課程，目前正參加景觀造景乙級證照班考試，並持續進修相關專業。同時也協助法務部矯正署，桃園女子監獄的園藝技職訓練。專注地投入自己深感興趣的工作中，不只是經營事業，更是構築一份自我挑戰的志業。

結語

我總把產品技術當成藝術，不但做快還要做好，在不斷測試中追求產品完美、多功能及附加價值是努力的目標。一生相信有努力就有奇蹟，奇蹟就是努力。只要不斷的努力，不但奇蹟會出現，還會不斷出現。不管研發或工作，我都用心把事情做得漂亮，因此獲得滿足與成就感，自己並持續創新精進，樂在其中，也造福社會與人群，生活因而豐富精采，令人欣喜珍惜！

謹藉此書的出版，與更多人分享多年的心得與成果，希望大家有志一同投入種植，親自感受現代的城市田園雅緻，創造自己的綠色生活！

育材模型股份有限公司
www.yiu.com.tw

簡單樂活　打造屬於都市的田園樂

推廣都市種菜十餘年，累積了不少種植的經驗與技巧，也協助數千位顧客規劃與架設空中田園，輔導他們在都市頂樓、露台及陽台種菜，常常聽客人分享種菜的喜悅，蔬果多大棵多新鮮多好吃，加上台北市在推廣田園城市，新北市也建置了不少可食地景，種菜就好像是一種流行，越來越多人想來嘗試體驗，因此我們整合了許多箱子種菜的實例應用，推薦許多好種的蔬果植物，匯集資料於書中，讓大家簡單輕鬆就上手，一起體驗最有成就感的休閒 -- 都市田園樂。

為什麼要自己種菜的原因很多。一開始可能因為身體出現警訊而產生想要吃更健康更有機的菜的想法，或是想要提供讓年長者可以從事休閒活動的設施，到近期環保意識抬頭，節能減碳已成為全世界的趨勢，未來的氣候變遷可能造成食物短缺及糧食危機，還有近年來的食安風暴，這些因素都讓愈來愈多人想要來嘗試自己種菜。

種菜不但可以有效綠化都市，創造美觀的可食地景，讓社區里民間增加互動。推廣到公有的活動中心也為年長者提供療癒心靈的放鬆場所。推展教育層面的深根，讓小朋友瞭解吃的菜是從哪來和怎麼來。體驗種植的過程也是一項學習，也能讓國、高中生學會種植技巧及培養興趣，未來成年後也能延續這樣的觀念。總總好處加速了種植箱的推廣，也讓更多人一起來參與這項改變都市樣貌的計劃。這本書集結眾多實務經驗及可能遇到的相關問題，如果你已經是個園藝達人也歡迎參考這本書，在有限的空間創造出更多的可能性。倘若你還沒種過菜，也想一起來體驗田園樂，本書一定可以帶出更多想法，讓你更輕鬆的打造屬於自己的菜園。

不管是葉菜類、草花或香草植物及果樹都非常適合用本書介紹的種植箱來栽種，因為特殊的通氣設計及多種的組合方式，更提高了種植的成功率，也大大的提升成就感，讓初學者一次就上手，藉由本書的出版誠摯邀請大家一起體驗開心田園樂。

育材模型股份有限公司
FB 粉絲團：開心田園樂

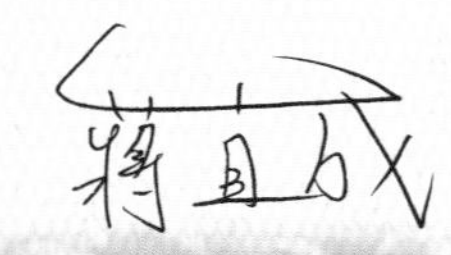

前台北市長 **黃大洲**

種菜箱的發明，開啓了農業生產新境界，特別鄭重推薦

本書的作者蔣先生希望我幫他就本書寫序，本來有一點猶疑，但讀完他的自序及本書內容後，決定動手為本書寫序並強烈推薦給讀者大衆。

首先我要肯定對種菜箱發明人蔣榮利先生年輕時代能夠克服生活的煎熬，刻苦耐勞、克服困境，堅忍不拔地充分發揮科學研究的創意精神和態度，本著鍥而不捨的研發精神與不厭其煩的實驗修改，終於設計出可在屋頂樓地板上用來種菜的箱子。此種菜箱具有通氣與不積水的功能，藉由簡易的組合，可大可小、可高可低、可因應淺根、深根的作物需求做彈性的利用。經由 DIY 配合空間的大小自行組合，自己決定種植面積的大小與高低，以因應不同蔬果的栽培需求。

蔣先生發明的種菜箱看似簡單，但對於都市屋頂農業及平地上的立體農業提供了革命性的創意和實踐的可行性。在都市化的結果；高樓大廈林立在所難免，但多佔用平面的農業生產空間，倘若能善用種菜箱將可使都市屋頂平台發揮生產功能，無論瓜果蔬菜皆能種植。如能善用雨水回收系統配合風力及陽光能源發電，設計自動灌溉系統，將可節省許多人力，並達到善用雨水資源的成效。此一種菜箱的使用將使陸地平面因都市化被佔用的空間，從屋頂的平面空間補回。此一創意開啓了農業生產新境界，值得鼓勵與推廣。

降溫、減碳、節能、淨化空氣與霾害……等等，乃當今人類地球所面臨嚴峻的挑戰，去年底在巴黎召開的地球高峰會特別強調此一問題的嚴重性與如何挽救的必要性。此一普世價值實不容等閒視之。立法院在 104 年 6 月三讀通過《溫室氣體減量及管理法》，至於後續如何具體落實，就都市區而言，莫如屋頂綠被面積的極大化，蔣先生經多年實驗發明的種菜箱，正好為都市屋頂綠化提供了實際可行的方法，故特別鄭重推薦。

臺大園藝暨景觀學系主任　**張育森**

讓您輕鬆地在都市裡享受田園樂趣

人們對植物與自然環境的喜愛與尋求，是來自於過去演化的歷史及生活週遭的記憶學習而來的結果。早在農業發展之前，遠古的人類到樹上採野果、地上摘野菜、地下挖根莖等植物來吃，在生活、生存上也多依賴植物，演變進化至今。因此，人類接近植物或看到自然景物時，會感到舒適、自在，具有安全感而產生自然祥和的情緒，甚至可以得到療癒效果。然而，隨著人口集中於都市，人們專注於工作和事業，經常面臨身體的疲憊和心理的壓力，導致各種文明的疾病（如糖尿病、心臟病、高血壓、焦慮症、恐慌症、憂鬱症…等），然而植物和田園自然景觀又往往遠離都市環境，難以及時舒緩人們身心的不適和情緒。
因此，新進國家的許多國際都會城市，如：倫敦、巴黎、溫哥華、舊金山、西雅圖、紐約、波士頓、東京，甚至北京等，都開始有民衆在市中心大樓建物旁邊的空地，拿著鋤頭，耕田種菜；從社區、校園菜圃，陽台、屋頂農園，在水泥叢林裡重新融入農耕於生活中，期能將城市重塑為永續生態之都。目前，台北市正在推廣田園城市（Garden city），新北市也建置了不少可食地景（Edible landscape），都是這種現代趨勢的體現。

「工欲善其事，必先利其器」，現代人生活緊張忙碌，不可能投入太多時間於休閒農作，必須有簡便的園藝資材設施，才能在都市裡享受田園樂趣。蔣榮利董事長是位「金頭腦」的發明家，他所研發的『種植箱』正是極適合在都市裡栽種植物的優良園藝資材！『種植箱』採用 PP 材質，使用年限長；側邊設計為通氣網孔，透氣性特佳，讓作物成長快、病害較少。與一般栽植盆器最大的不同，就是『種植箱』除了可以單箱使用，還能往上、下、左、右連通擴充成較大或較深的盆器，因此除了適用於葉菜類和草花，需要較深土層的根莖菜類、花木、果樹等各類作物都能栽種。『種植箱』適用於平地、屋頂和陽台等人工地盤，並可配合栽種空間大小和管理方便性，自由組裝變化；例如：可加裝腳架將種植箱架高，種菜免彎腰，並可裝上輪子，方便移動；也可搭小框架種植藤蔓類蔬果（如番茄、小黃瓜），並可加上防蟲網，防止蟲鳥啃食作物；更大空間時還可搭配 PVC 水管組成棚架隧道或迷你網室。

本書就是由蔣榮利董事長及其公子蔣宜成總經理根據多年來推廣『種植箱』的經驗和心得寫成，全書詳述種植箱的特性、種植箱各式組裝與栽種、用種植箱製作堆肥和孵芽菜以及各種場所案例觀摩。全書圖文並茂、淺顯易懂，即使新手參閱本書也很容易就能上手，讓您輕鬆地在都市裡享受田園樂趣。因此很樂意將本書推薦給讀者，讓我們一起『樂活園藝、享受人生』！

勞動部勞動力發展署 全國技能競賽 花藝 裁判長　**周英戀**

大家相招來種菜

研發創新、留下文獻、傳承技術、珍惜資源…大家相招來種菜，正在城市裡蔓延。而掀起這浪潮的正是默默精進研發種菜箱的蔣榮利老師。規格化、一致化的種菜箱輕巧美觀，完全透氣，完全接納各種蔬果的栽種，也包容了廚餘自然發酵，種菜箱成為都市空間移動的土地。

「奇蹟就是努力！」是蔣榮利老師的生活哲理。青年創業的基礎，延續中年研究發明的奇蹟，短短不到十年的時間，種菜箱，擄獲了都市人的「種菜情」，也圓了上班族的「農夫夢」，更是長青族呼朋引伴相約午後種菜的「田園樂」；目前更是全民參與「大家相招來種菜」的重要媒介一哪裡買種菜箱？——建國花市就有得買！

課堂上，學生問著蔣老師，「您發明了那麼多專利產品，獎金怎麼利用啊？」老師笑笑地說：「又投入發明更新的產品，這樣就可以嘉惠更多的人。」很多學生指定要上蔣老師「種菜樂」的課程，喜歡聽老師緩緩敘述發明的過程、種菜的樂趣，以及親自操作如何回收廚餘製作成堆肥，甚至一同觀賞老師拍照的精湛作品；更分享如何落實輔導過的千位愛種菜人的喜悅。

在產業外移的年代，蔣老師毅然決然地「根在臺灣，根留臺灣」，也在臺灣成長、茁壯、開花、結果；他留住了所有的發明和得獎的產品，不斷的試驗、改進再創新，不僅僅是「箱子」的開發，更延伸到「箱子」的創意堆疊應用。最讓蔣老師得意的莫過於近兩年試驗成功的「箱子階梯式組合」坡坎，6,000 個箱子沿山坡階梯式堆疊的新「生態工法」，再以栽樹根植成為永續護堤的功能。

自己種菜自己吃，吃出健康，吃出快樂，就在自家露台、陽台、頂樓；就在社區大學、樂齡學堂…。高齡化社會來臨是長青族群最美麗的黃昏，也是家人回饋的好時光，此刻，全家大小，正透過「種菜箱」媒介悄悄的陪伴著阿公、阿嬤「大家相招來種菜」，享受簡單樂活的田園之美。

高明法律事務所　**陳淑貞**律師

退休樂活就在頂樓有機蔬果菜園

孩提時，祖母家的庭園裡樹蘭清香、嬌小玲瓏的煮飯花……，是我最溫馨的兒時回憶；因此，復刻兒時的夢幻庭園，一直是我人生努力的目標。

民國 68 年間，在父母非常辛苦籌措下，才買到一間四樓的房屋，當時台北市政府大力推廣屋頂花園，母女相伴報名參加陽明山的園藝課程後，興沖沖僱工砌築圍籬、花圃，打造第一座空中庭園。但當時，工人背著公家提供的免費泥土（山土）、樹苗，沉重攀爬樓梯的身影與四樓到處漏水的夢魘，只能當作空中樓閣的慘痛回憶了。

執業律師多年，兼顧家庭、公益，三頭六臂、忙碌混亂的生活中，兒時溫馨寧靜的夢幻庭園再度不時地迴縈腦際。有幸獲得捷運站出口約 60 坪的七樓屋頂空間，規劃花園、香草園、菜園、果園，但如何避免重蹈覆轍，是當時最艱難的考題。

96 年間，在建國花市認識育材公司蔣榮利老師，發現他發明的種植箱及自動灑水系統非常適合我的需求，因為律師業務非常繁忙，除了當個假日農夫外，其他時間只能放任植物自生自滅了。南港的氣候非常適合植物生長，連花市購買的 100 元六盆的植物都長成巨樹，甚至小鳥種的茄苳樹也茂然成林，鳥語花香之外，蝴蝶、蜻蜓、蜜蜂、蟬都可能環繞身邊，只因為有了適用的種植箱、有機土及灑水系統。但因為疏於管理，火龍果、草莓、水梨、芭樂……等水果或青菜，幾乎都是小鳥、昆蟲的食物，我只能豁達地享受種植而非收成的樂趣。

104 年開始規劃半退休樂活，只是多年來放任植物自由生長的結果，大小樹種雜亂無章，另外也鍾情於盆栽的雅緻意象，趁著屋頂重新施作防水之際，再度拜託育材蔣宜成老師團隊，幫忙整修種植箱、移山倒海配置園區，在高腳種植箱上架上網子。如今，我可以輕鬆自在地玩盆栽，賞花，種青菜，泡香草茶，採食草莓、百香果了。

兒時的夢幻庭園，樹蘭依舊飄香，但是唾手可得的煮飯花卻再也不見芳蹤，何處尋覓呢？………

PART 1

認識種菜箱

1-1　為什麼要用種菜箱？

1-2　哪些地方可以用種菜箱種菜？

1-3　種菜箱可以種哪些菜？

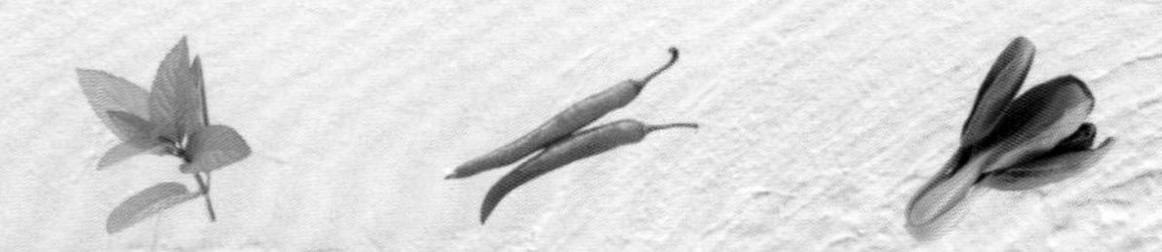

KitchenAid

壹／為什麼要用種菜箱？

許多人也會用一般花盆或保麗龍箱來種菜，最大的缺點是材質不夠耐用，深度也受限，大多是種些基本的葉菜類。而使用種菜箱與一般盆栽最大的不同，就是除了可以單箱使用，還能往上、下、左、右連通擴充成較大或較深的盆器，因此需要較深土層的根莖類、果樹等各類作物都能栽種，並配合你的栽種空間大小，自由組裝變化。

種菜箱的各種組裝變化

B

種菜箱的 6 大特色

1. 採用安全無毒 PP 材質，添加抗紫外線及耐衝擊料劑，使用年限約十年。
2. 底層有接水盤，可防止水分四處滲漏、土壤流失汙染地面。
3. 側邊設計為通氣網孔，透氣性特佳、不積水，讓作物成長快、病害少。
4. 可加裝腳架將種菜箱架高，種菜免彎腰，並可裝上輪子，方便移動。
5. 可搭小框架種植攀爬類瓜果，如：番茄、小黃瓜，並可加上防蟲網，防止蟲鳥啃食作物。
6. 搭配 PVC 水管組成棚架隧道或迷你網室，設在頂樓還有助於頂樓降溫。

A

C

A.種菜箱組合可大可小、可高可低，組合成自己的專屬菜園。

B.種菜箱加水管，組成可供瓜果攀爬生長的棚架。

C.搭設網室可增加保護，讓收成更豐碩。

貳／哪些地方可以用種菜箱種菜？

頂樓｜運用居家頂樓，種植蔬菜水果。揮灑汗水的同時，壓力也揮發掉了，和家人一起分享、咀嚼純淨蔬果的鮮甜滋味。

陽台｜住家陽台就近種些蔬菜、蔥蒜、香草植物，煮飯前隨手一摘，簡單沖洗就能料理上桌。

空地｜在平地上裝置種菜箱，並搭建棚架，不用整地即可栽種爬藤類瓜果作物，兼具視覺綠化效果。

蔬菜是陽光底下的營養作物，需要良好的日照條件，一天至少有 6 小時能直射到陽光的地方，向南面的陽台、露臺，日照不被周邊高樓遮蔽，就可使用種菜箱栽種各類蔬菜。如果是東西向陽台，只有半天的日照時間，則須慎選需光性較低的蔬菜（如：紅鳳菜、角菜、萵苣類、芽菜等等），以免收成量較差。

此外，頂樓或閒置的水泥地、磚地，這些面積大卻沒有土壤的地方；或擔心有土壤污染、土質不良的田地，只要利用種菜箱，裝填乾淨的土壤，就可以種出令人安心的健康蔬果。

陽台

空地

參／種菜箱可以種哪些菜？

利用頂樓、陽台等有限的空間來種菜，
多以休閒活動為目的，
種植的選擇以好種、好收成為主，
植株所占空間不大，
但收成豐碩的蔬果會讓人更有成就感。
您可以從以下幾個方向來挑選：

四季都可收成的蔬菜
天天都有新鮮青菜

等待，是種菜必要的過程，但天天有菜吃，卻是居家種菜最大的理想。建議可種些地瓜葉、紅鳳菜、韭菜……這類不受氣候影響四季可種，而且成長快速、少有病蟲害的蔬菜。每次收成只要剪取部分，不必等季節變換，就能隨時嚐到新鮮的綠蔬，讓你的種菜箱隨時都有收成，也會更有動力照顧。

四季都能生長良好的葉菜，非常適合新手栽種。

當季時令蔬果最鮮甜

每個季節都有適合栽種的蔬菜，當令的蔬菜通常飽含了新鮮營養。當你家想種點蔬果時，別忘了一定要選適合該季節生長的，才能確保最佳收成。一般包含了葉菜類、根莖類蔬菜、結果類蔬菜、瓜果及豆類，都可配合季節來選擇栽種。

A

辛香料、香草植物
用量不多調味方便

像是辣椒、九層塔、蔥……這類辛香料，可說是台灣料理的必備品，它們也都屬於四季可種可收成的植物，而且用量不多，家裡只要種上幾株，隨時都可摘取一些為佳餚添香。還有香味各異的香草植物，有的清新、有的香郁，無論拿來泡茶、做點心或烹調肉類，只要摘幾片葉就可入味。且香草植物的辛香還可當做忌避植物，有助其他蔬果防治病蟲害，所以也是菜園裡不可或缺的！

B

C　D

A | B |

季節性的瓜果，就要配合生長季節來栽種才會甜美。

C | D |

每次用量雖不多，但又需要常備的辛香料，種上一盆，需要時即可隨時摘取入菜。

PART 2

種菜箱各式組裝與栽種

 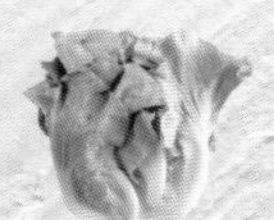 

壹／從單箱開始田園樂

現在就從第一個種菜箱開始實現有機田園夢吧！
種菜箱構造、零件都很簡單，
輕輕鬆鬆就能組裝好一個！

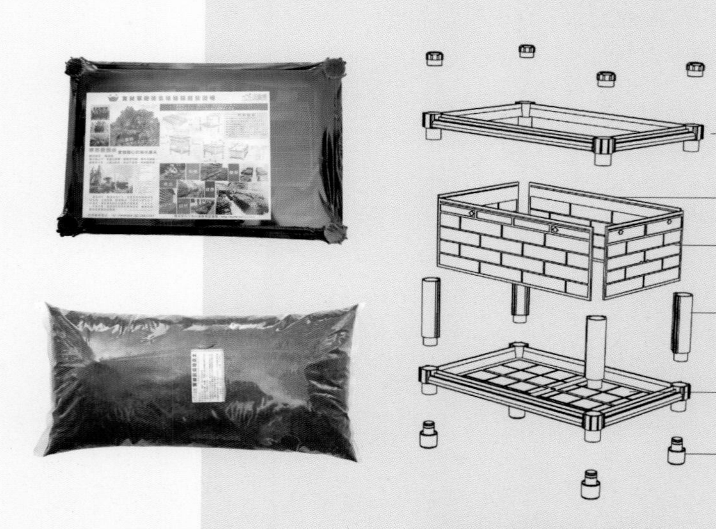

單箱組裝結構圖

❶小蓋 X4　❷框架 X1
❸長側板 X2　❹短側板 X2
❺接桿 X4　❻底盤 X1
❼底腳 X4

1 種菜箱組裝方式

STAGE

單箱的尺寸為：長 45cm、寬 30cm、高 21cm，元件包含：底盤、框架、側板、接桿、底腳與小蓋，只需要短短 3 分鐘，就能輕鬆組裝完成。然後填入土壤、植入菜苗（或播下種子），就可開始澆水照顧，期待收成的那一天。

單箱組裝完成圖

組裝

STEP BY STEP

工　　具｜槌子一把

組裝時間｜3 分鐘

STEP 1

先找出底盤，然後將接桿兩側溝槽對齊底盤上的兩側溝槽。

STEP 2

四個角落的接孔都按照步驟 1，將接桿插入。

STEP 4

再將上框由上往下壓入接孔中，壓緊並確認每一扣榫都有緊密結合。

STEP 5

將小蓋分別插入四個角落的接孔。

STEP 3

再將長短側板分別插入接桿旁的溝槽中，插入時注意側板上的箭頭浮雕要朝外面，箭頭方向要朝上。

STEP 6

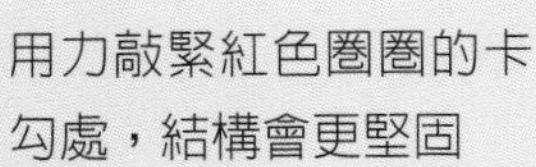

用力敲緊紅色圈圈的卡勾處，結構會更堅固

把種植箱翻過來，將底腳分別插入底部的接孔，並壓緊後即組裝完成。

TIPS

可使用槌子輔助輕敲接桿，確認每一扣榫都密合，讓整體結構更穩固。

2 種植菜苗 STAGE

剛開始種菜的新手，建議到菜苗店購買健壯的菜苗回來移植最方便，不用擔心種子播得太多或太少，或播種時節不對；且從菜苗開始種，容易上手、收成較快，可獲得成就感與信心。菜苗及種子的攤商，通常會出現在花市、傳統菜市場內，也可向菜販及各地區農會、市民農園、休閒農場等單位詢問。（如欲購買蔬菜種子回來栽種，請參考附錄的說明）

菜苗推薦購買地點

汐止楝樑種苗	電話：0933-771-732 聯絡人：楊瓊璘 地址：新北市大同路二段 511 號
田田圈有機農場	電話：0917-000-070 聯絡人：曾吾強 地址：桃園市富國路 920 巷 168 號
菜苗 8 農耕材料便利店	台北、台中皆有店面 http://www.city-agri.com/
士林種苗	電話：02-2883-1085(早)、 02-2872-2590(晚) 地址：士林傳統市場古蹟短棟 42 號攤

在菜苗店鋪裡可以一次購足適合當季栽種的菜苗與資材。

單箱種植
新手推薦

初次種菜者，最推薦的是野菜類，像是川七、人蔘菜、紅鳳菜、地瓜葉、活力菜、角菜和昭和菜等。野菜生命力強、容易栽種，能量又高，本身有股特殊味道，因此昆蟲不喜接近，不需用農藥、肥料也能生長得很好。或是選擇病蟲害較少者，如：A菜、紫色生菜、萵苣、紅鳳菜、地瓜菜、九層塔、薄荷、韭菜、油菜、莧菜、空心菜、紫蘇、蔥這一類蔬菜，讓新手種菜就有滿滿的成就感。　此外，每個季節都有適合栽種的蔬菜，當季能買到的菜苗，就是非常適合當季栽種的作物，收成較佳。

蔬菜類

地瓜葉

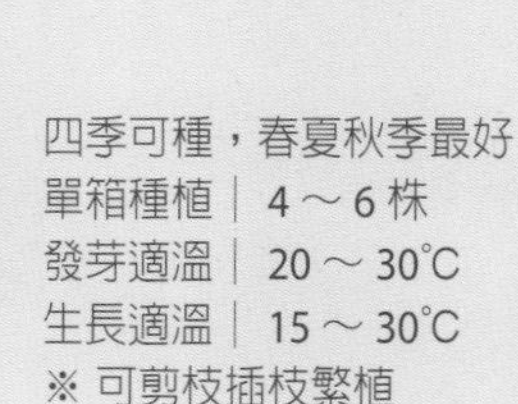

四季可種，春夏秋季最好
單箱種植｜4～6株
發芽適溫｜20～30℃
生長適溫｜15～30℃
※ 可剪枝插枝繁植

紅鳳菜

四季可種，春夏秋季最好
單箱種植｜4～6株
發芽適溫｜20～30℃
生長適溫｜20～30℃
※ 可剪枝插枝繁植
※ 耐陰性強，可半日照

活力菜

（赤道櫻草）

四季可種，春夏秋季最好
單箱種植 4 ～ 6 株
發芽適溫 20 ～ 30°C
生長適溫 15 ～ 30°C
※ 可剪枝插枝繁植
※ 非常好種又稱種不死的菜

角　菜

（珍珠菜）

四季可種，春夏秋季最好
單箱種植｜ 4 ～ 6 株
發芽適溫｜ 20 ～ 30°C
生長適溫｜ 15 ～ 30°C
※ 可剪枝插枝繁植
※ 耐陰性強，可半日照

日本茼蒿

（日本名：春菊）

四季可種，秋冬最佳
單箱種植｜ 10 ～ 20 株
（成長後可疏苗）
發芽適溫｜ 15 ～ 25°C
生長適溫｜ 10 ～ 30°C
※ 可先穴盤育苗再移植，
也可直播
※ 可連續採收

韭菜

四季可種
單箱種植｜ 6叢（每叢6~8株）
發芽適溫｜ 16～20℃
生長適溫｜ 12～25℃
※ 可先穴盤育苗再移植
※ 收成時離土壤1公分採收，可連續採收

櫻桃蘿蔔

四季可種，20～30天收成
單箱種植｜ 20～30株
發芽適溫｜ 15～30℃
生長適溫｜ 15～25℃
※ 種子點播，株距5～8公分

芹菜

四季可種，秋冬季最好
單箱種植｜ 6叢（每叢6~8株）（成長後可疏苗）
發芽適溫｜ 20～25℃
生長適溫｜ 15～25℃
※ 可先穴盤育苗再移植，也可直播

辛香料、香草類

九層塔

四季可種，春夏秋季最好
單箱種植｜ 1～2 株
發芽適溫｜ 20～25℃
生長適溫｜ 18～32℃
※ 可先穴盤育苗再移植

辣　椒

春夏秋種植
單箱種植｜ 1～2 株
　　　　　（成長後可疏苗）
發芽適溫｜ 20～30℃
生長適溫｜ 15～30℃
※ 可先穴盤育苗再移植，
　也可直播

蔥

四季可種，春夏秋最好
單箱種植｜ 6 叢（每叢 6~8 株）
發芽適溫｜ 15～25℃
生長適溫｜ 18～30℃
※ 可先穴盤育苗再移植，
　也可直播

迷迭香

四季可種
單箱種植｜1～2 株
發芽適溫｜15～20℃
生長適溫｜10～30℃
※ 可剪枝插枝繁植
※ 耐旱性強，切忌澆水過多

薄荷

四季可種，春、秋季最好
單箱種植｜6～8 株
(成長後可疏苗)
發芽適溫｜20～25℃
生長適溫｜15～30℃
※ 可先穴盤育苗再移植，也可剪枝插枝
※ 耐濕性強，惟不耐旱

紫蘇

春秋季種植
單箱種植｜1～2株
發芽適溫｜18～23℃
生長適溫｜20～30℃
※ 穴盤育苗再移植

芫荽

（香菜）

秋冬春季可種
單箱種植｜6叢（每叢6~8株）
發芽適溫｜20～25℃
生長適溫｜20～25℃
※ 可直播
※ 圓球形種果內含兩粒種子，播種前須將果實搓開，以利平均出苗

菜苗栽種
STEP BY STEP

準備材料 | 有機土壤、菜苗

STEP 1

將種菜適用的有機土壤倒入種菜箱約 8 分滿，太乾鬆的質材可先澆水，濕潤比較好種。

STEP 2

輕輕擠壓盆子，然後將菜苗倒出脫盆（不可直接拉出菜苗，以免拉斷）。

STEP 4

將菜苗直立種入，用力壓實洞穴周邊的土壤，確定菜苗穩固埋入，讓菜苗的土團與箱中土團密實接觸，有助根系伸展。

STEP 5

重複步驟 2 ～ 4，將菜苗逐一種入，注意苗株保持生長所需間距，不宜過密。

STEP 3

在土壤挖好與菜苗根系土團一樣高的洞穴。

STEP 6

最後再澆水，幫助菜苗的土團與盆內的土壤能夠黏合。若是幼小的菜苗，出水量要細，以免菜苗倒伏。

TIPS

關於種菜土壤的選擇

用來種菜的土壤，必須具備乾淨、有機、肥沃的條件，栽種過後，裡頭的有機質及肥份減少，也必須適當補充養分。關於土壤，你有以下幾種選擇：

1. 新手種植，可以選購市售已調配好的種菜專用土壤，最為方便省事。
2. 以椰子纖維土6份、基肥1份、乾淨的田土或山土2～3份的比例混拌使用。菜苗種下後，再以福壽 5-2-2 有機栽培專用成長肥（顆粒狀），在距離植株 3～5 公分處挖洞放入，提供養分。市售小椰磚，泡水約15至20分鐘後就會膨脹8倍，3個小椰磚拌入基肥，可種上 2 箱。
3. 若是種植果樹這類多年生作物，則可增加泥土比例 3～5 份或更多，加一點泥炭土更好。
4. 如原本就有種菜土壤，但土質已過硬，也可投入大自然基肥 1 份及椰子纖維土 6 份混合，可改良土質，讓作物成長較好。

土壤特性介紹

培養土	市售培養土很多種，但是普遍肥份不夠，如需直接種植，可加入一定比例的基肥。
山土	保水性好，黏度高，重量重，富含礦物質及微量元素，可混合少量於培養土中。
椰纖土	重量輕，吸水性佳，但也易乾燥，混合基肥及山土即是很好的種菜用土。

種好菜苗之後，
日常照顧的兩大重點包含：
澆水和施肥

依照栽種環境，給予適當澆水，或者另外安裝自動灑水系統（請參考本篇最後的專欄）。

3 日常照顧方式
STAGE

澆水的注意事項

1. **頻率**：種菜箱因底部可保水 2 公分，夏季才需要每天澆水。判斷方式為觀察土壤下 1~2 公分是否已乾涸，或葉面是否開始向內捲曲。夏季每日澆水 1 ～ 2 次，冬季約每 2 ～ 4 日澆水一次，但仍需依植株大小、土壤的吸水性來調整澆水次數，建議土壤乾了才澆水，而不是固定頻率澆水。
2. **時間與水量**：澆水通常以清晨或黃昏為宜，水量要確保土壤充分濕透但不需要讓水滿溢出來，這樣土壤的養分也比較不會沖刷流失的太快。在大太陽下，除非葉子已曬乾，需馬上連續澆水至底下流出 2 ～ 3 公升的水，但不能把土壤高溫的水留在箱內。

施肥方式

種菜箱的容積有限，

土壤中的養分很快就會被蔬菜吸收，

因此，需要定時追加肥料，

才能讓作物成長茁壯。

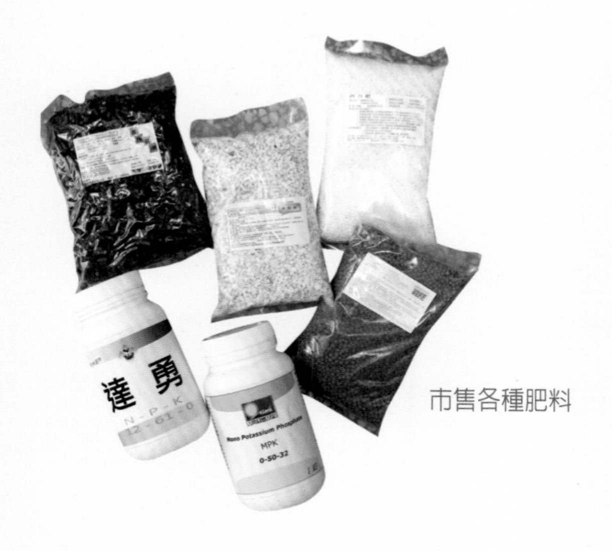

市售各種肥料

1. **基礎肥**：肥性較低較均衡，適合育苗、栽種初期使用。
2. **有機成長肥 5-2-2**：氮元素的比例較高，栽種葉菜類施以此肥料，可促進莖、葉快速成長，葉子呈現為翠綠色。若是過量，葉子就會呈現墨綠色，要減少用量，以少量多次為佳。
3. **液體肥料**：包含氮、磷、鉀三種基本元素，選擇氮比例較高的液肥於稀釋後噴灑於葉面，可促進葉面成長。
4. **施用時間及份量**：栽種初期，若土壤已經混入基礎肥，可在一、二週後，每一箱投入一把（約 30 ～ 60 公克）的成長肥（在根部外圍挖孔埋入），並視天氣及生長情況約每隔二、三週施用一次。液體肥料則應依各家使用說明，稀釋約 300 ～ 1500 倍，每 3 ～ 7 天噴灑一次，可增加成長速度，減少蟲害。

4 蔬菜收成 STAGE

蔬菜長成之後，請注意採收方式，有的是單次整株採收，有的則可多次摘取需要的份量。例如韭菜在可收割時，不必整株拔起，留下 1 公分左右，就會繼續長芽、生長，可繼續採收 1 ～ 2 年；紅鳳菜、地瓜葉、空心菜每次剪至保留一至二節，就可繼續再長。大部份的葉菜類，定植後一個月左右就能採收，而會結成葉球類的如高麗菜、花椰菜，則大約 50 ～ 70 天可以採收。

●整株採收

1. 剛種下菜苗，可埋入六處 30~60 公克成長肥

2. 定植後經過 10 天

葉球類可從較大顆的開始採收，也不宜放到過大，以免口感變差。

3. 經過 20 天

4. 大約 30 天整株採收，可先把長高的分 3~5 次採收

●多次採收

A

B

A. 萵苣、生菜類作物，可以先摘取外圍成熟的葉片來食用，就能夠重複採收多次。不過每1～2週要再追加成長肥，以利生長。

B. 地瓜葉可以剪取嫩莖嫩葉來食用，之後重發新葉就可以繼續採收多次。

C. 香草類只需要幾片葉子就很好用，每次剪下需要的使用量。

Q&A

C

Q1. 菜苗要怎麼挑選？

A1. 通常菜苗店家會大批進貨，選購時應該以葉片飽滿挺立、莖蔓粗壯，沒有萎軟無力、焦枯或病蟲害侵襲痕跡的菜苗為優先考量。

Q2. 有哪些菜，適合新手購買種子回來播種栽種嗎？

A2. 葉片小、收成快的葉菜類，如：莧菜、小白菜、青梗白菜、紅萵苣、美生菜、芫荽，因短期就可收成，也不容易有病蟲害，適合密植栽培，可以買種子回來，直接撒播在種菜箱土裡，盡量分布均勻。萬一播得過多，可等發芽長苗後再拔除較瘦弱的小苗。

貳

平面連通大面積栽種

如栽種空間較為充裕，

可以將 **2** 個或 **4** 個種菜箱平面相連成一大箱，

方便種植體型較大的葉菜類，

像是：高麗菜、花椰菜等等。

而且土壤容量大，作物的根系可充分生長，

收穫也將更為豐盛。

4 連通種菜箱的栽種效果。

1 種菜箱組裝方式
STAGE

以 4 連通為例，可以組成一個 90 × 60 cm 的種菜箱，所需元件包含 4 個底盤、4 個 L 框架、8 片側板、12 根接桿以及 16 個底腳與 12 個小蓋，箱內是互通的，不必再安裝隔板。

4 連通組裝完成圖

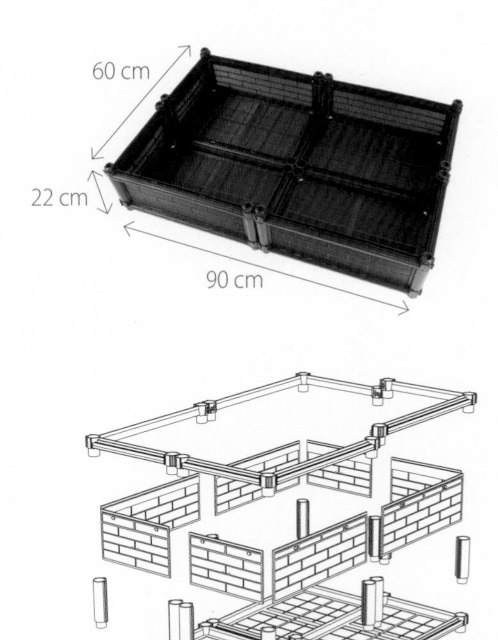

組裝
STEP BY STEP

工　　具｜槌子一把
組裝時間｜5 分鐘

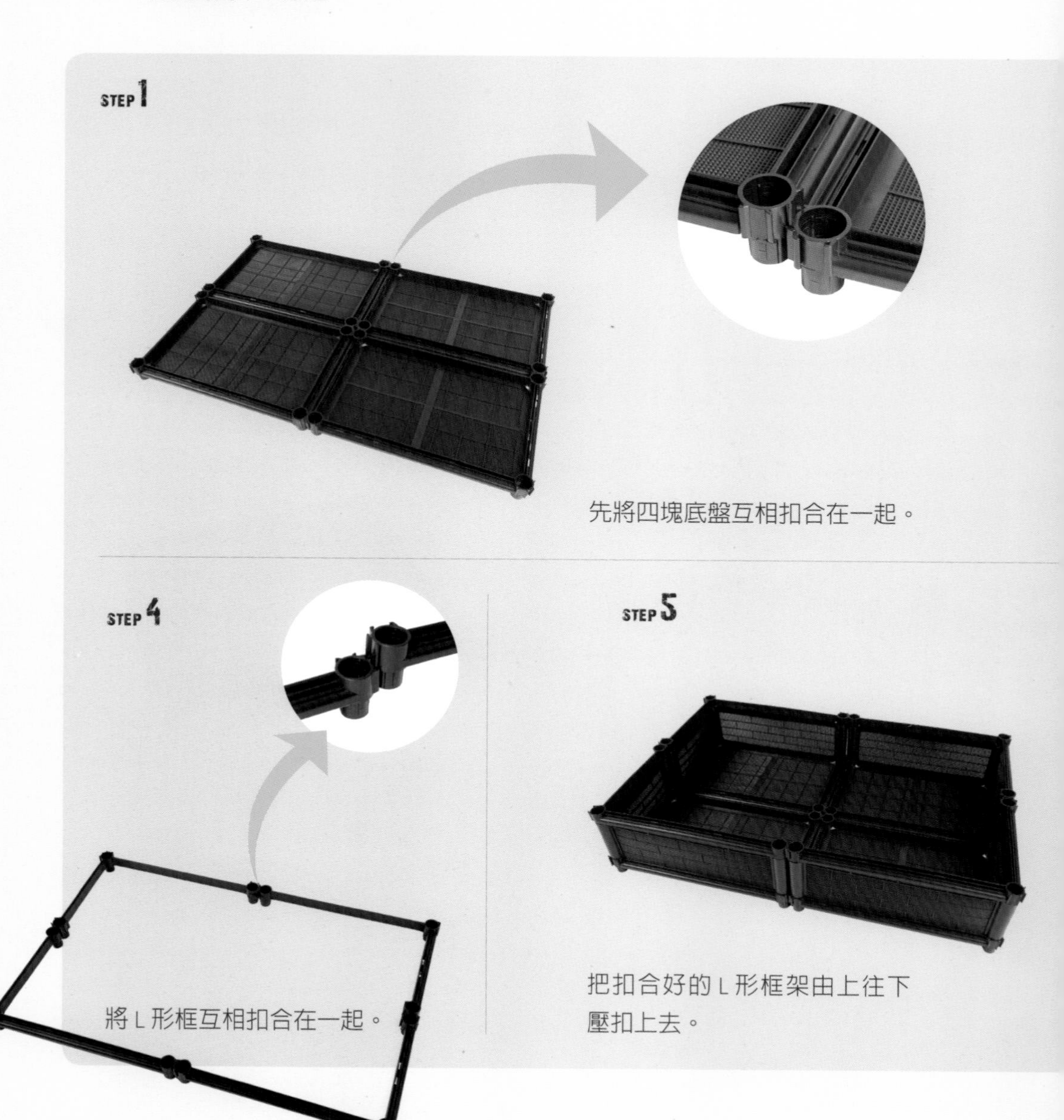

STEP 1

先將四塊底盤互相扣合在一起。

STEP 4

將 L 形框互相扣合在一起。

STEP 5

把扣合好的 L 形框架由上往下壓扣上去。

STEP 2

四塊籃底扣合好後，再把接桿插入，接桿插入時兩側溝槽都要對準底盤兩側溝槽。

STEP 3

再將長、短側板插入溝槽中固定，請注意，側板上有箭頭的浮雕請箭頭朝上，浮雕朝外再插入溝槽中。

STEP 6

接桿頂端分別裝上護蓋。

STEP 7

底部分別裝上底腳，並用力敲緊紅色圈圈的卡勾處，讓結構更堅固。

各式連通組裝方式

種菜箱的連通方式，可從短邊或長邊擴充，或者短邊與長邊一起擴充，以配合自己的栽種空間。以下是各種連通方式的組裝結構圖：

1. 短邊擴充連通

兩個單箱相連，各有一邊的長側板不用安裝，即可連通。

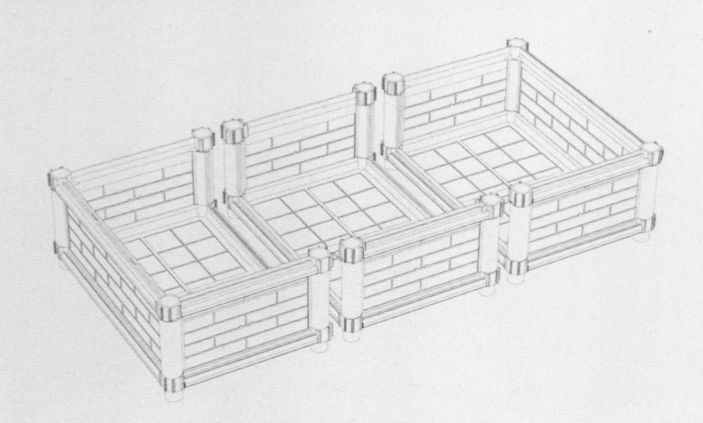

如希望再加長，可在中間增加 1 個、2 個…箱子，無限擴充。

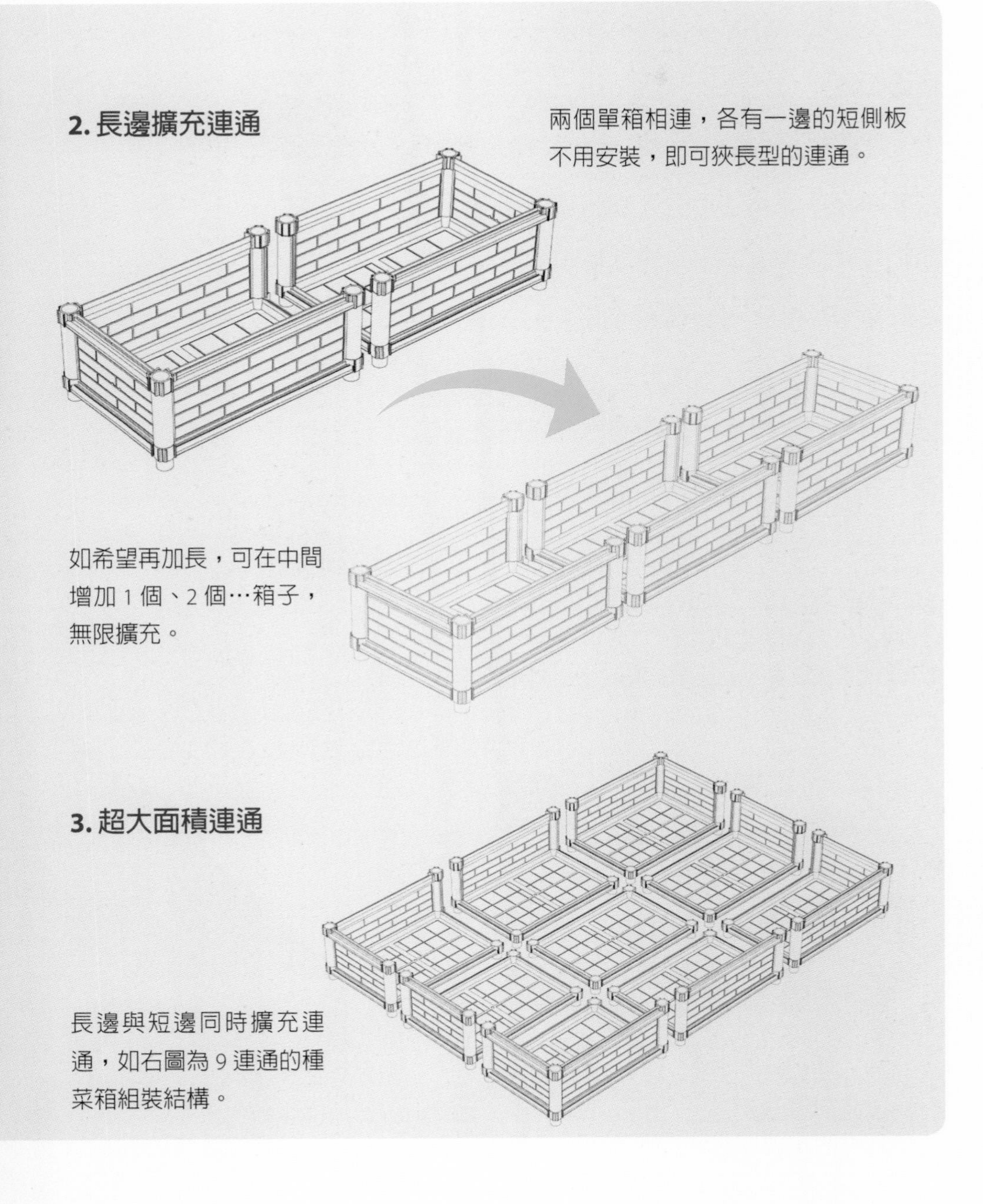

2. 長邊擴充連通

兩個單箱相連，各有一邊的短側板不用安裝，即可狹長型的連通。

如希望再加長，可在中間增加 1 個、2 個…箱子，無限擴充。

3. 超大面積連通

長邊與短邊同時擴充連通，如右圖為 9 連通的種菜箱組裝結構。

2 栽種與日常維護
STAGE

作物配置

澆水、施肥的作業，和單箱種植一樣。只是當栽種面積變大了，更可搭配種植多樣化作物，並考量收成時間快慢及食用量來配置。蔬菜有的高壯，有的矮肥或細小，當高的作物一多，通風條件相對較差，所以作物最好是有高有矮，且高一點的適合栽種在邊緣位置，以免遮蔽旁邊低矮的作物。

A. 在連通的種菜箱植入菜苗。 4 連通的種菜箱，大約可栽種 6 ～ 12 株大型葉菜類。
B. 在頂樓設置整排的 4 連通種菜箱，宛如城市綠洲。

A

B

病蟲害管理

除了定時澆水、施肥，還要巡視一下是否有枯葉、老葉，並隨時摘除，以免消耗養分。若發現不正常的病株，也要即時移除，以免病菌感染擴散。另外，如有遭到啃食的現象，請找找是否有蟲或蝸牛出沒，即時去除害蟲。

多箱連通
作物推薦

多箱連通栽種時，除了前述單箱的作物之外，也可嘗試以下體積較大，或者特殊一點的蔬菜，增加餐桌上的菜色變化。另外，多箱連通栽種時，可在周邊種上一些蟲蟲不愛的辛香料忌避植物（如九層塔、香茅），讓昆蟲敬而遠之，減少蟲害。

尖葉萵苣

秋冬春季種植
單箱種植｜6叢（每叢6~8株）（成長後可疏苗）
發芽適溫｜20～25℃
生長適溫｜15～30℃
※ 穴盤育苗再移植或直播

福山萵苣

（大陸妹）

秋冬春季種植
單箱種植｜4～6株（成長後可疏苗）
發芽適溫｜15～25℃
生長適溫｜15～30℃
※ 穴盤育苗再移植或直播

蘿蔓生菜

秋冬春季種植
單箱種植｜4～6 株
（成長後可疏苗）
發芽適溫｜15～25℃
生長適溫｜10～25℃
※ 穴盤育苗再移植

紫生菜

秋冬春季種植
單箱種植｜2～6 株
（成長後可疏苗）
發芽適溫｜15～25℃
生長適溫｜15～25℃
※ 穴盤育苗再移植
※ 拔葉可連續採收半年

空心菜

春夏秋季種植
單箱種植｜6叢（每叢6~8株）
（成長後可疏苗）
發芽適溫｜20～30℃
生長適溫｜25～32℃
※ 穴盤育苗再移植或直播

菊苣

（明眼萵苣）

秋冬春季種植
單箱種植｜2～6株
（成長後可疏苗）
發芽適溫｜20～25℃
生長適溫｜15～25℃
※ 穴盤育苗再移植

莧芝

（埃及野麻嬰）

春夏季種植
單箱種植｜2～6株
（成長後可疏苗）
發芽適溫｜20～25℃
生長適溫｜20～34℃
※ 穴盤育苗再移植
※ 夏季蔬菜，營養成份高，
非常好種

春秋季種植
單箱種植｜ 4 ～ 6 株
（成長後可疏苗）
發芽適溫｜ 20 ～ 25℃
生長適溫｜ 18 ～ 25℃
※ 穴盤育苗再移植

秋冬春季種植
單箱種植｜ 30 ～ 40 株
（成長後可疏苗）
發芽適溫｜ 15 ～ 25℃
生長適溫｜ 15 ～ 25℃
※ 可直播

皇宮菜

（落葵）

四季可種，春夏秋最佳
單箱種植｜ 4 ～ 6 株
（成長後可疏苗）
發芽適溫｜ 20 ～ 25℃
生長適溫｜ 15 ～ 35℃
※ 穴盤育苗再移植
※ 耐旱耐濕，生性強健，非常好種

莧 菜

春夏秋可種
單箱種植｜ 6 叢（每叢 6~8 株）
（成長後可疏苗）
發芽適溫｜ 20 ～ 30℃
生長適溫｜ 20 ～ 35℃
※ 穴盤育苗再移植，或直播
※ 可整株採收或留 1~2 節可連續採收

延伸變化
架高免彎腰

種菜箱的四個角，只要裝上多根接桿就可以將種菜箱架高，這樣做有以下幾個好處：

1. 方便年長者栽種

如果不方便彎腰或蹲下來整理作物，可將種菜箱架高 3 節，以年長者伸手可及的高度，可便於栽種、澆水、施肥與採收。

2. 增加日照

種菜箱可設置在欄杆或牆邊，來讓蔬菜接受充足的日照，可將種菜箱架高栽種。

A. 將種菜箱架高到年長者方便照顧作物的高度。

B. 沿著牆邊架高栽種，以免有部份日照被牆面遮擋掉。

A

B

A

3. 透氣更加、減少地熱，好清理、不積水

地板經過強烈的日曬，會往上蒸散熱氣，將種菜箱架高，可避免作物根系被熱氣燒灼而枯萎。若是澆水、下雨過後，地板的水分也可以更快蒸發，不會積水在箱底下面。

4. 高低層次，視覺效果佳

運用接桿的自由延伸性，你可打造出具有高低立體層次的菜園，這也是一般盆栽種菜所無法達到的效果。在作物配置上，最高層的種菜箱，適合種植較低矮的作物，中、低層則可搭配稍具高度的作物，整體視覺感較佳。

A. 架成不同高度，除了製造高低層次錯落，也讓菜圃更立體、更通風。

B. 將居家頂樓的種菜箱架高，也有助於頂層降溫及散熱。

B

架高組裝完成圖

以四連通加高 4 節為例，所需元件包含 4 個底盤、4 個框架、4 個 L 框架、8 片側板、76 根接桿、以及 16 個底腳與 12 個小蓋，箱內是整個互通的，不必再安裝分隔板（結構如右圖）。另外也可以如下組裝變化：

雙連通加高一節

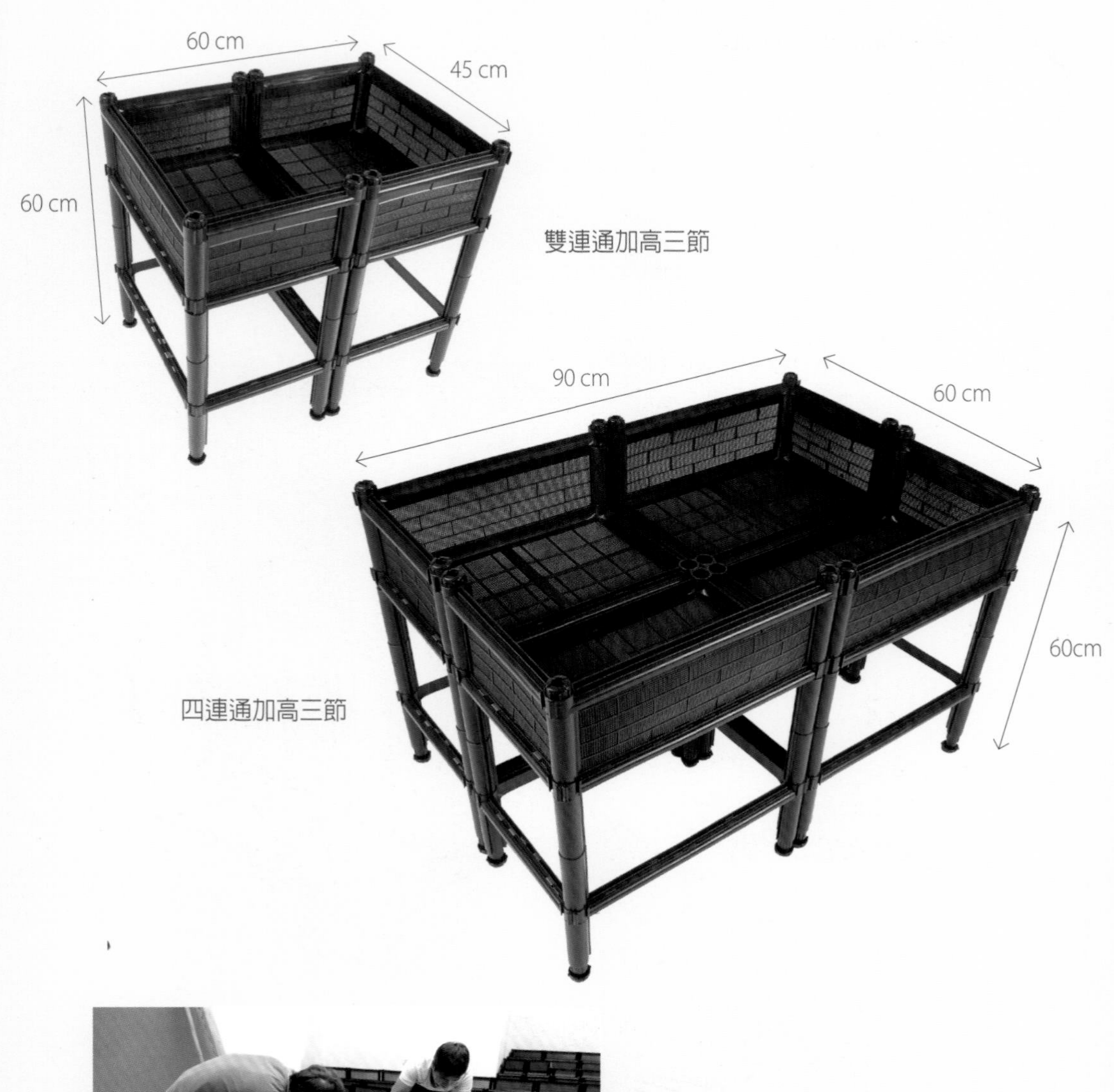

長條形連通 8 箱，若排列成多排來耕作，有如一片空中田地。

四連通加高四節組裝

STEP BY STEP

工　　具｜槌子一把

組裝時間｜15 分鐘

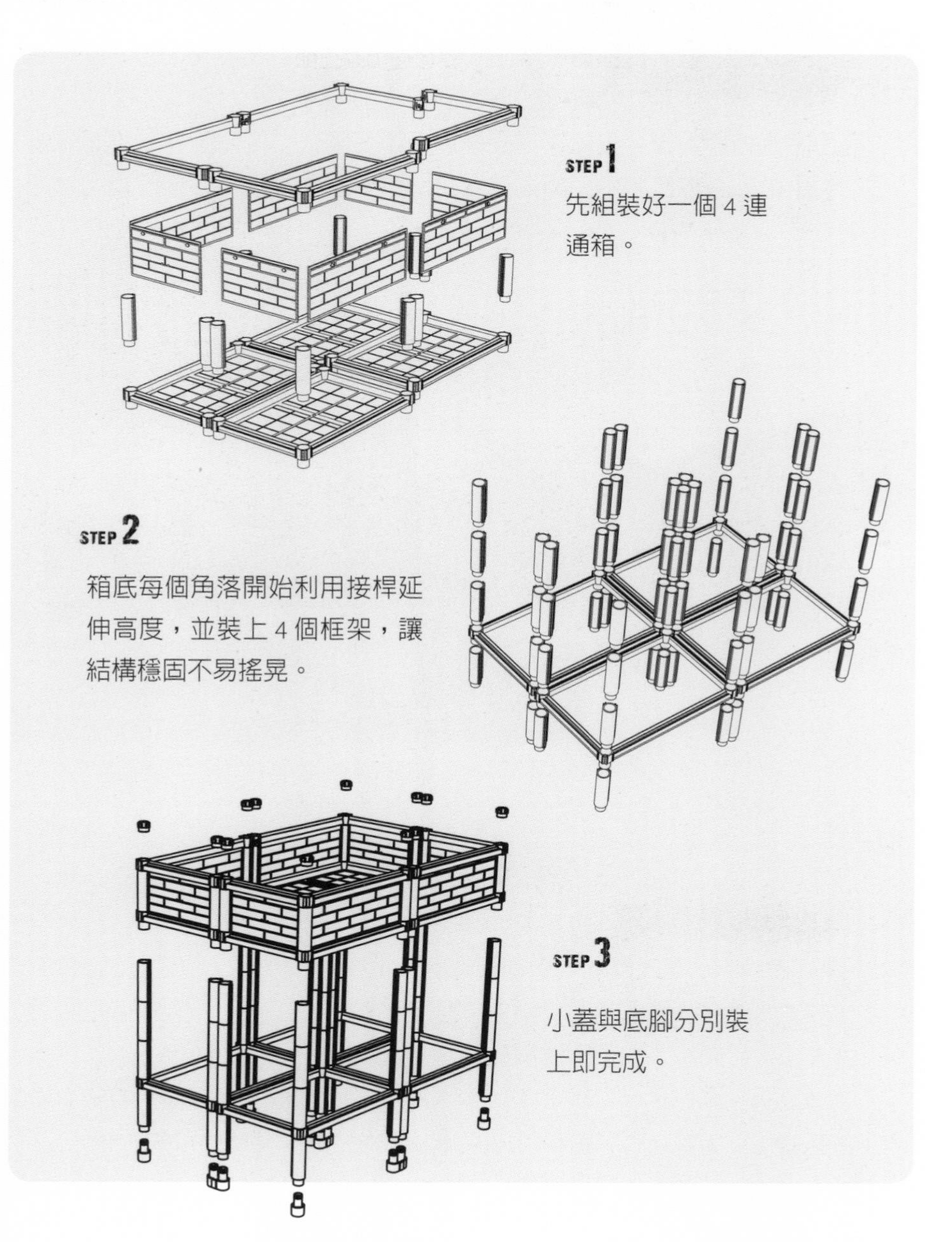

STEP 1

先組裝好一個 4 連通箱。

STEP 2

箱底每個角落開始利用接桿延伸高度，並裝上 4 個框架，讓結構穩固不易搖晃。

STEP 3

小蓋與底腳分別裝上即完成。

Q&A

Q1. 在頂樓大面積使用種菜箱，會不會造成屋頂積水、漏水問題？

A1 其實紫外線才是導致頂樓防水材料產生裂縫，發生滲漏的主因，種菜箱的底部有 2.5 公分的水盤設計，只要澆水適量，水分、土壤就不會滲漏，而且因為有種菜箱，阻擋了陽光直射，還可降低頂樓地面溫度，減少龜裂的機會，可說是利多於弊。如果頂樓原本就有排水不良的問題，建議要先做好疏通改善，再來設置種菜箱。

頂樓種菜，有助於隔熱降溫。記得要定期巡視排水孔是否有泥沙或落葉堵塞並清除乾淨。

Q2. 買回來的菜苗，不知道每一株之間該留多少距離才好？萬一種的太密怎麼辦？

A2. 菜苗期雖然大小都差不多，但生長後，體型就大有不同，可按蔬果收成時的大小留好間距，如果太過擁擠會造成通風不佳，容易引發病蟲害，生長也會受限。若是太過密植，建議將生長較差的疏拔；如果都很健康可在整箱長滿時，將最高大的疏株採收，可以多次採收，維持充裕的空間。

Q3. 收成之後，種下新的作物，卻一直長不好，是不是土壤養分不夠？

A3. 蔬菜在生長過程中所需要的 3 種主要元素，分別為氮、磷、鉀三種，在土壤有限的環境下，需要定期補充有機肥料，收成後可再添加基礎肥料或廚餘肥料，並輪流更換栽種不同的作物，生長會更好。

｜利用種菜箱即可自製廚餘堆肥，節省購買肥料的費用，請參考 Part3 的介紹。

Q4. 架高的種菜箱，在颱風來襲時，會不會容易被吹倒？

A4. 若有多組架高的種菜箱，在颱風來襲之前，可將種菜箱靠攏集中，並用繩索圍繞固定綁在一起，就不容易被個別吹倒了。成熟的作物，能採收的就先採收，以減少風災的損失。

將種菜箱靠攏比較不會被吹倒。

Q5. 種菜箱澆水或下雨之後，常有泥水滲漏到地面上怎麼辦？

A5. 種菜箱會滲漏出泥水，可能是土壤中的泥沙成分比較多，建議改用較粗質的介質，或混入一些椰纖土。另外就是可在箱內鋪上不織布，也能減少泥水滲漏。

參／雙層堆疊栽種果樹、根莖類

栽種根系較深的作物，如蘿蔔等根莖類作物，

單層的種菜箱無法提供足夠的土壤深度，

這時可將種菜箱上下堆疊加高為 2 層或更多層，

若再搭配平面連通，

就連中大型的果樹也能夠栽種，順利開花結果。

1 雙層堆疊組裝方式
STAGE

以堆疊 2 層為例，可以組成一個長寬高 45×30×40 cm 的種菜箱，所需元件包含 1 個底盤、2 個框架、4 片短側板、4 片長側板、8 根接桿、4 個底腳、與 4 個小蓋。這樣的深度尺寸，大約就可提供 4 株紅蘿蔔、或 2 棵芋頭、或 1 株檸檬果樹所需的生長空間。

2 層加高組裝完成圖

組裝

STEP BY STEP

工　　具｜槌子一把

組裝時間｜6 分鐘

STEP 1

先裝好一個單層箱，小蓋先不用裝上，往上繼續加上 4 根接桿。

STEP 2

裝上四面側板。

STEP 3

裝上框架和小蓋、底腳即完成。

2 栽種與日常維護

STAGE

栽種水果類與根莖類作物，比種葉菜類需要較久的時間，甚至要等待開花而後結果，在種植技巧上有以下幾點提醒。

1. 根莖類適合播種種植

根莖類蔬菜，如：紅蘿蔔、白蘿蔔、櫻桃蘿蔔、甜菜根、牛蒡、大頭菜…等，適合直接播下種子來栽培，若是將小苗移植，容易傷到根部，造成根部分岔、變形，長出奇形怪狀的作物。播種後可覆蓋薄土，以噴霧型澆水器澆透，避免種子跑位或流失，並在發芽前，都要保持土壤潮濕。

發芽後剪去瘦弱、生長勢較差的（不要用拔的，以免動到其它株的根系），只留下好的苗。若過度密植，肉質根不易生長膨大，所以需要適度疏苗。生長期間需提供充足的水分，太乾燥容易裂根，導致作物外觀裂縫。

A

B

A. 蘿蔔直接在種菜箱中播下種子來栽種。

B. 用手指戳洞，每個洞播入 2 顆種子。澆水保持濕潤，等候發芽。

2. 水果類建議購買果苗

水果從播種到結果，通常需要較長的時間，如果從種子開始栽種，比較不符合時間效益。建議購買果苗，或者已具有結果能力的盆栽，回來移植到加高的種菜箱中栽種，讓根系有充足的發展空間，有助於結果收成。

3. 定期追肥

根莖類蔬菜和果樹的生長期比較長，栽種期間需要追肥，以供應營養所需。播種栽種的根莖類，發芽後每間隔一個月可施加追肥，或是參考肥料的使用建議來施加。果樹以開花結果為目的，施用 1 ～ 2 次成長肥之後，可開始施用含較高磷質的開花肥，用量和間隔與成長肥相同。

自行育苗由小盆長大換大盆，或購買果苗，長大長高後皆可栽種到種菜箱，並定期追肥。

4. 疏花疏果

水果類開花後結果，在開花期可疏花，僅保留萼片較大的花朵來結果，以免果樹的養分過於分散，影響結果品質。結果期間，再疏去一些位置不佳或生長不良的幼果。果實成熟時，先停止施肥，並減少澆水，土壤略為濕潤即可，假如給予過多的肥水，果實可能會提前老熟和早落。

A. 果樹開花結果（此為藍莓）。

B. 適當的疏花、疏果，可讓養分集中供應給保留下來的花和果，使果實長得更好。

雙層堆疊
作物推薦

根莖、果實類

白蘿蔔

秋冬春可種
單箱種植｜ 4～6株
發芽適溫｜ 20～25℃
生長適溫｜ 15～25℃
※ 點播

甜菜根

秋冬春可種
單箱種植｜ 4～6株
發芽適溫｜ 20～25℃
生長適溫｜ 15～25℃
※ 點播

秋 葵

春夏可種
單箱種植｜ 1株
發芽適溫｜ 25～30℃
生長適溫｜ 25～30℃
※ 穴盤育苗再移植
※ 性喜暖熱，夏天非常好種

玉　米

春秋可種
單箱種植｜ 1 ～ 2 株
發芽適溫｜ 20 ～ 25℃
生長適溫｜ 18 ～ 30℃
※ 穴盤育苗再移植

茄　子

春夏秋可種
單箱種植｜ 1 ～ 2 株
發芽適溫｜ 20 ～ 30℃
生長適溫｜ 20 ～ 30℃
※ 穴盤育苗再移植
※ 全期只施成長肥，施開花肥長不好

紫光茄

春天種植，常綠灌木，株高約 1~2 公尺
單箱種植｜ 1 株
發芽適溫｜ 20 ～ 25℃
生長適溫｜ 20 ～ 30℃
※ 穴盤育苗再移植
※ 施肥同茄子

水果類

四季可種
單箱種植 1 株
發芽適溫 20～25° C
生長適溫 20～30° C
※ 種子或扦插法育苗再移植

四季可種植
單箱種植｜1 株
發芽適溫｜20～30℃
生長適溫｜22～30℃
※ 買小苗移植

秋冬春可種
單箱種植｜4～6 株
發芽適溫｜20～25℃
生長適溫｜15～25℃
※ 點播

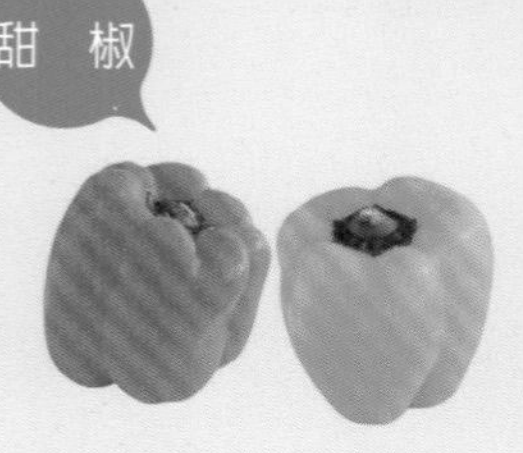

春夏季可種
單箱種植｜1～2 株
發芽適溫｜20～30℃
生長適溫｜15～30℃
※ 穴盤育苗再移植

春秋可種
單箱種植｜2～4 株
發芽適溫｜20～25℃
生長適溫｜20～30℃
※ 切塊放一天乾燥，芽點朝上種
※ 冷涼的秋季最適合栽種

水蜜桃

四季可種植
單箱種植｜1 株
發芽適溫｜15 ～ 26℃
生長適溫｜15 ～ 20℃
※ 買小苗移植

萄葡柚

四季可種植
單箱種植｜1 株
發芽適溫｜20 ～ 30℃
生長適溫｜24 ～ 30℃
※ 買小苗移植

香水檸檬

（香櫞）

四季可種植
單箱種植｜1 株
發芽適溫｜20 ～ 30℃
生長適溫｜24 ～ 30℃
※ 買小苗移植

3 採收方式 STAGE

根莖類的作物長成之後，連根拔起，摘除根上莖葉即可。若太晚採收，食用的部位會開始纖維化，影響口感。水果類作物，採收標準就是觀察果實是否發育到一定大小、看顏色、硬度，判別其成熟度，採收時最好用園藝刀，避免直接拉扯摘取。

A. 根莖類抓住莖葉，連根拔起。

B. 水果成熟時，用園藝刀剪下。

A

B

Q&A

Q1. 種菜箱層層堆疊，再加上土壤的重量，底盤能夠承受得住嗎？

A1. 種菜箱可以耐受 50 公斤，堆疊 3 層使用也沒有問題。

Q2. 為什麼種的果樹一直都只會開花，而沒有結果？

A2. 如果有開花而不會結果，可從以下幾點做檢查：

1. 先檢視種菜箱的放置位置，日照量是否足夠？平常追肥的肥料成分，應該含有高磷質的肥料，而非高氮質的肥料。
2. 盆土栽培介質是否過於硬化？或者已經感染病害、蟲害？
3. 周遭風力是否太強，或是迎向散熱風出口，造成溫度冷熱不定，就需要將種菜箱移到他處。
4. 另外一個可能就是蟲媒太少，以致無法順利授粉、結出果實，可能需要採取人工授粉的輔助。最簡單的做法就是拿毛筆觸碰每個花朵幫助授粉，如：百香果，可先沾花瓣下的花粉，再觸碰凸出的柱頭，2 天後就可結出果實。

檢視並排除上述因素加以改善，應該就有助於結果了。

透過人工授粉，幫助百香果結出果實。

延伸變化 1
裝設蟲鳥防護網

栽種十字花科的花椰菜、大白菜、青江菜、高麗菜、芥藍，特別容易招來蟲害，或是周遭環境生態豐富，有鳥類啃食狀況，可以套上防護網，減少作物損傷；另外也有緩和大雨強風衝擊的作用。

根據種菜箱尺寸，套上大小不同的網子。

組裝
STEP BY STEP

準備工具｜接桿、防護網
組裝時間｜2分鐘

STEP 1

準備16根接桿和防護網（目前有雙連通、4連通、8連通防護網尺寸）。

STEP 2

拆掉4個小蓋，各自往上加裝4根接桿，再把小蓋蓋上。

STEP 3

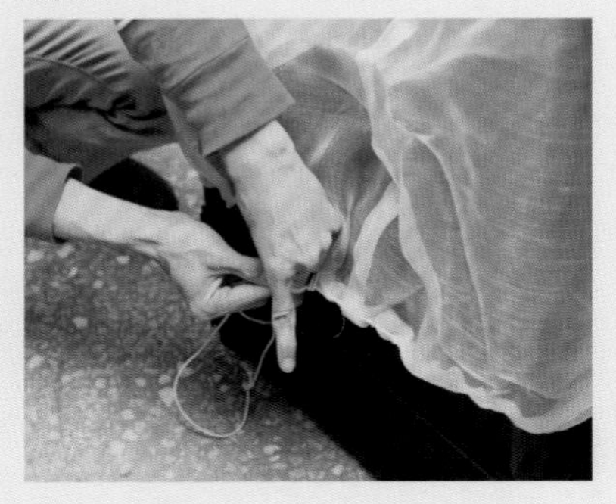

套上防護網，並把側邊的繩索拉緊打結即可。

防護網裝設完成圖

延伸變化 2
裝設攀爬支柱

若要栽種絲瓜、苦瓜、番茄、葡萄這類攀爬的植物，四個角落可往上續接 7 節（共需 28 支接桿），頂部再裝上框架做固定。若不使用接桿，也可到水電行購買 4 分的厚 PVC 水管（尺寸完全吻合），插入四個角落。這個高度即可讓作物攀爬在支柱上順利生長。

支柱裝設完成圖

結實纍纍的番茄。

攀爬支柱
作物推薦

甘蔗

春秋季可種
雙層雙連箱種植｜4株
生長適溫｜20～32°C
採收期｜11～4月
※ 可用芽苗栽種，採收後續留宿根

黃金莓

（燈籠果）

春夏種植
雙層箱種植｜1～2株
發芽適溫｜20～30°C
生長適溫｜20～32°C
※ 穴盤育苗再移植
※ 可半日照或全日照種植

春夏秋季可種
雙層箱種植｜ 1 ～ 2 株
發芽適溫｜ 25 ～ 30℃
生長適溫｜ 20 ～ 30℃
※ 穴盤育苗再移植
※ 第一個花果摘掉，可促進之後結出更多條小黃瓜

春秋季可種
雙層箱種植｜ 1 ～ 2 株
發芽適溫｜ 20 ～ 30℃
生長適溫｜ 15 ～ 30℃
※ 穴盤育苗再移植
※ 側芽要全部拔掉，茄科不可用剪刀剪

春夏秋季可種
雙層雙連箱種植｜1～2 株
發芽適溫｜20～30℃
生長適溫｜15～30℃
※ 穴盤育苗再移植

春秋季可種
雙層雙連箱種植｜1 株
發芽適溫｜25～30℃
生長適溫｜15～25℃
※ 穴盤育苗再移植

延 伸 變 化 3
安裝輪子好移動

堆疊的種菜箱，再加上土壤、栽種的作物，會讓重量增加許多，若有需要機動搬移種菜箱的位置，建議可在腳底安裝輪子，以方便推動。

不過比較適合用在平滑的地面上，因為箱子中已有土壤、水分和植株的重量，在凹凸不平的泥地、石礫上，種菜箱都不容易推移。

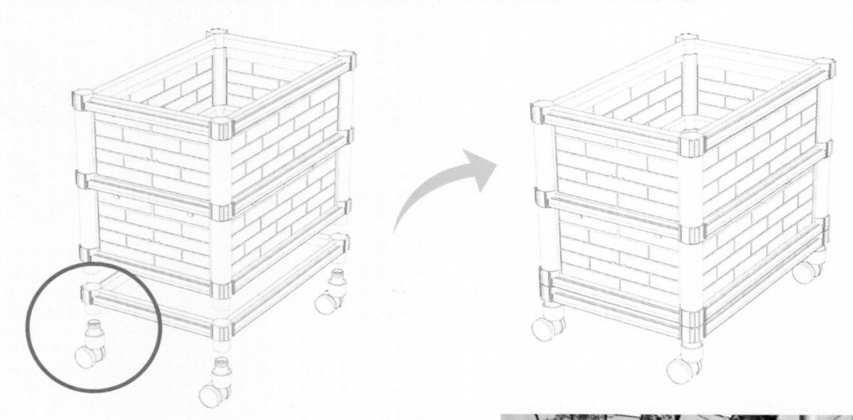

底部先裝上口框、底腳，再將輪子套入底腳固定即可。

架高的種菜箱，底腳也可以加裝輪子，不過建議在底部裝上口框，可加強種菜箱的結構穩固性。

Q&A

Q1. 枝條細軟、分枝多的豆類，要怎麼順利攀爬生長？

A1. 可以在兩根支柱之間等距纏上棉線或繩子，就可增加枝條攀爬的空間。

Q2. 豆類蔬菜要怎麼知道何時可以採收？

A2. 毛豆、四季豆這類蔬菜，當你看到豆莢變長，裡面的豆仁也開始膨脹後，就可以採收了。如果放置過久才採收，口感就會變硬變老。

Q3. 茄科類蔬菜，要怎麼知道何時可以採收？

A3. 茄科類的番茄、辣椒、彩椒、青椒，當果實成熟且轉色後就能採收，這時口感和風味最好。如果提早採收，則較為生澀硬脆，採收幾次之後就能掌握恰當的時機了。

肆

搭設隧道棚架栽種瓜果

栽種百香果、絲瓜、苦瓜、胡瓜、
南瓜、扁蒲等攀藤類蔬果，
它們需要豎立支架供其攀爬，
否則藤蔓會在地上亂竄，
與其它蔬菜糾結在一起，
且果實接近地面也較容易腐爛。
搭設隧道式棚架，
若用在頂樓，
成棚的綠蔭還有助於頂樓降溫，
一舉兩得。

1 隧道棚架搭建方式
STAGE

以搭設一個長度約 400 公分、寬度約 270 ～ 320 公分、高度約 180 ～ 210 公分的隧道棚架為例，左右排各有 5 個雙層雙連通的種菜箱，再將四分 PVC 厚水管彎曲搭成隧道。

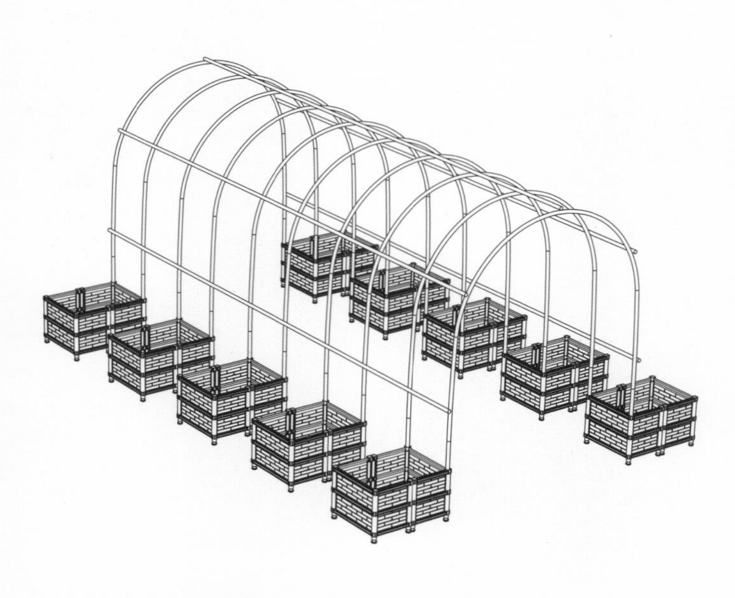

隧道棚架搭建完成圖

隧道搭建
STEP BY STEP

準備材料｜雙層雙連通種菜箱 10 組、四分彈簧扣夾 50 個、
四分 PVC 厚水管 15 支、椰磚 5KG 共 10 包、基肥 25KG 共 3 包、
有機成長肥 20KG、有機開花肥 20KG、山土 25KG 共 3 包。或使用一般培養土約 70 公升（大約是 15 ～ 20 公斤）共 10 包，再加入基礎肥增加肥份。

STEP 1

組好雙層雙連通種菜箱共 10 個。然後排列成兩排，每箱的間距大約 43 公分。
將 10 根水管彎曲插入兩排內側的接桿內，即可形成隧道。

STEP 2

隧道頂端放置一根水管並做固定，讓隧道外型更加穩固。

STEP 3

在隧道兩側也分別固定好兩根水管。

STEP 4

為了讓爬藤類作物順利攀爬生長，
可在隧道外表覆蓋一張瓜網。

STEP 5

網子也要和水管綁固定，以免被風吹走。

STEP 6

最後，在每個箱子中栽種作物。

A

B

A.您可依據自己的空間，搭設更長或者縮小版的隧道棚架，自由變化隧道規模。等待作物爬上棚架，就形成了一座綠色隧道。

B.棚架下方空間也可放置種菜箱栽種稍耐陰的作物，如：地瓜葉、大陸妹、紅鳳菜、芫荽等。

D

2 栽種與日常維護
STAGE

瓜果類作物，也是屬於栽種期較長的類型，牽引幫助枝條爬上棚架，再到追肥、結果套袋，都是必要的維護作業。

1. 藤蔓的牽引

隨著瓜果生長，藤蔓可用細繩以 8 字結固定在棚架上，幫助藤蔓攀爬上去，高節位也以繩子固定在支架上，即可漸漸形成綠棚。

C

C. 在棚架上以繩子纏繞出方格網，並將枝條固定到棚架和方格網上。
D. 豆科類細軟的藤蔓，用細繩固定在棚架的瓜網上。

另外像是茄科類的番茄、茄子，隨著植株長高，枝條會有糾結或過重倒伏的現象，也可將枝條平均固定在棚架上，也有助於通風與生長。

2. 定期追肥

瓜果類的生長期比較長，除了栽種前在土壤中混入充足的基肥，栽種期間還是需要追肥，以供應所需營養。以絲瓜為例，定植到種菜箱 10 天後，枝葉開始蔓生枝條，長到 50~60 公分高，和開始開花以後，都可適量添加肥料，但要注意控制氮肥，氮肥過高將會只長葉而不結果。

瓜果類生長期較長，要定期追肥才能結出豐碩的果實。

3. 套袋保護與適時收成

鮮豔可口的瓜果，很容易成為鳥類、昆蟲的目標，一旦被啄食叮咬，果實就易腐爛。進入結果期之後，建議幫每個果實套袋保護。等到大小適中，成熟度足夠，就是最細嫩的時候，即可採收下來。如果長的過大，外皮都硬化了才採收，口感就顯太老了。

結果初期約莫 1 ～ 2 公分大小，即可套袋保護。飲料杯也可廢物利用，避免鳥類啄食。

隧道棚架
作物推薦

百香果

春夏秋季可種
雙層雙連箱種植｜ 2 株
發芽適溫｜ 20 ～ 30°C
生長適溫｜ 20 ～ 30°C
※ 買小苗移植

絲　瓜

春夏季可種
雙層雙連箱種植｜ 1 株
發芽適溫｜ 25 ～ 30°C
生長適溫 20 ～ 30°C
※ 穴盤育苗再移植

扁蒲

春夏季可種
雙層雙連箱種植｜ 1 株
發芽適溫｜ 25 ～ 30°C
生長適溫｜ 25 ～ 30°C
※ 穴盤育苗再移植

冬瓜

春夏秋季可種
雙層雙連箱種植｜ 1 株
發芽適溫｜ 25 ～ 30°C
生長適溫｜ 25 ～ 32°C
※ 穴盤育苗再移植

南瓜

春秋季可種
雙層雙連箱種植｜ 1 株
發芽適溫｜ 25 ～ 30℃
生長適溫｜ 15 ～ 25℃
※ 穴盤育苗再移植

苦瓜

春夏秋季可種
雙層雙連箱種植｜ 1 ～ 2 株
發芽適溫｜ 20 ～ 30℃
生長適溫｜ 15 ～ 30℃
※ 穴盤育苗再移植

菜豆

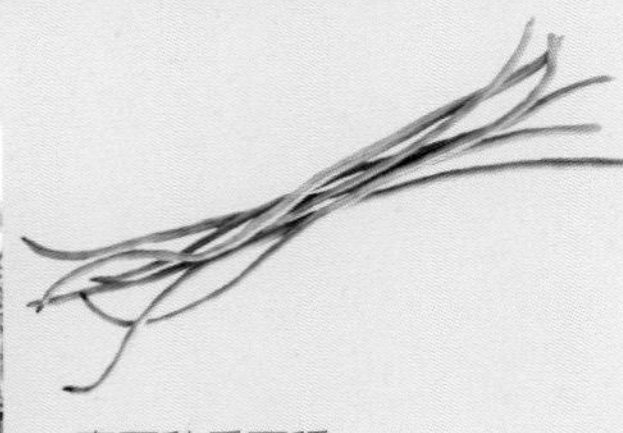

春夏秋季可種
雙層雙連箱種植｜ 2 ～ 3 株
發芽適溫｜ 20 ～ 30℃
生長適溫｜ 15 ～ 25℃
※ 直播或穴盤育苗再移植，
一穴 2 ～ 3 粒種子

Q&A

Q1. 如果希望棚架上的作物多樣化，該怎麼配置？

A1. 建議可在種菜箱靠近棚架的一側，栽種爬藤類作物，方便植物沿著棚架攀爬。外面的一側，則可種植其它葉菜類、辛香料、香草等短期植物，即可充分運用空間。

Q2. 發現瓜果招引果蠅來叮咬怎麼辦？

A2. 瓜果類目標明顯，特別容易招引果蠅等昆蟲，除了幫果實套袋，也可利用誘捕昆蟲的工具，像是黏蟲板、誘捕器，讓蟲兒自動上鉤。

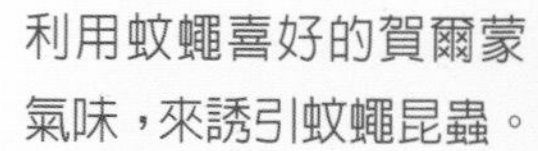
利用蚊蠅喜好的賀爾蒙氣味，來誘引蚊蠅昆蟲。

Q3. 颱風來襲，擔心棚架會不會被吹歪、吹垮？

A3. 颱風來襲之前，建議疏除過多的葉子，以減少棚架風阻。加強種菜箱和棚架的固定，棚架也可加吊水桶、沙包，增加重量，都可減少棚架被吹壞的機會。

伍

溫室栽培提高產量品質

在溫室中栽培蔬果的好處是，

比較不受天候的影響，

例如：強風、颱風、低溫，以及蟲害的問題。

尤其像是栽種蟲兒、鳥兒都喜歡吃的草莓，

或是蟲害較多的花椰菜、大白菜，

在不想使用農藥，

又可保護作物的前提下，

搭設溫室就是最好的解決方案，

而且結構、材料簡單，

自己也能完成施工。

溫室內部

使用工具｜剪刀、鎚子

1 溫室搭建方式
STAGE

基本款的溫室栽培組，長度、寬度約 240 公分、高度約 190 公分，包含 6 個 4 連通的架高種菜箱。

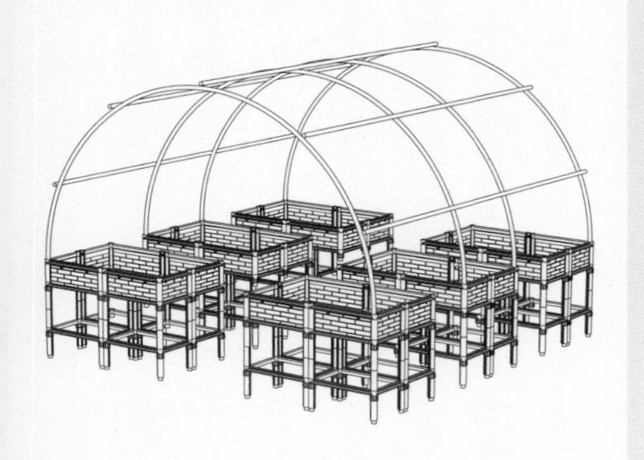

STEP 1

先組裝好 6 個 4 連通的架高種菜箱。

STEP 2

將種菜箱排列成兩排，整體外圍的長寬約 240 公分。

準備材料｜4 連通加高 4 節，共 6 組、抗紫外線尼龍網（有拉鍊可方便出入）、4 分彈簧扣夾 28 個、4 分塑膠網夾 20 個、4 米長 4 分 PVC 厚水管 12 支、椰磚 5KG 共 5 包、基肥 25KG 共 2 包、有機成長肥 20KG、有機開花肥 20KG、山土 25KG 共 3 包；或使用市面上大包培養土 70 公升共需 6 包，建議再加入基礎肥增加土壤肥份。

STEP 3

將土壤、肥料混拌後倒入種菜箱，並澆入充足水分。

STEP 4

參考前面搭建隧道的方式，將架構搭設完成。

STEP 5

在種菜箱中種植菜苗、果苗，並套上抗紫外線尼龍網。

STEP 6

在溫室中照料作物，視情況澆水與施肥。

2 栽種與日常維護
STAGE

A

溫室雖提供栽種的作物一個保護空間，在日常維護上，還有以下幾點提醒：

1. 冬天減少澆水

溫室內的濕度原本就會比較高，在濕冷的冬天，應減少澆水頻率，以免作物的根系腐爛，或者孳生果蠅。

B

2. 溫室的防颱工作

颱風來襲之前，溫室內已可收成的作物就先收成，並加強種菜箱和水管框架的固定，然後要先將網子整個拿掉，以減少風阻。若網子沒有拿掉，受風面積大，溫室反而容易被吹歪、吹倒。

A. 雨季可加購透明塑膠布，蓋在溫室上面防止過度雨淋而影響收成。

B. 颱風來臨前先收成，並拿掉溫室的網子。

溫室栽培
作物推薦

高麗菜

秋冬季可種
單箱種植｜ 1 ～ 2 株
發芽適溫｜ 20 ～ 25℃
生長適溫｜ 10 ～ 25℃
※ 穴盤育苗再移植

花椰菜

秋冬季可種
單箱種植｜ 1 株
發芽適溫｜ 15 ～ 30℃
生長適溫｜ 18 ～ 22℃
※ 穴盤育苗再移植

芥藍菜

秋冬春季可種
(成長後可疏苗)
單箱種植｜ 4 ～ 6 株
發芽適溫｜ 15 ～ 25˚C
生長適溫｜ 18 ～ 30˚C
※ 穴盤育苗再移植
※ 長至 20 ～ 30 公分採收，可剪至留 1 ～ 2 節，很快就會再長出嫩芽

黃金白菜

全年可種
（成長後可疏苗）
單箱種植｜ 50 ～ 60 棵
發芽適溫｜ 20 ～ 30˚C
生長適溫｜ 15 ～ 25˚C
※ 直播
※ 長密了就分多次把大株的先採收

蘿蔔嬰

四季可種
單箱或芽菜箱密植約 100 棵
發芽適溫｜ 15 ～ 30˚C
生長適溫｜ 10 ～ 30˚C
※8 ～ 10 天即可分多次收成

草 莓

秋冬季可種
單箱種植｜ 2 ～ 4 棵
發芽適溫｜ 20 ～ 25℃
生長適溫｜ 15 ～ 25℃
穴盤育苗再移植
※ 可購買小苗種植較快

青江菜

全年可種
（成長後可疏苗）
單箱種植｜ 20 ～ 30 棵
發芽適溫｜ 20 ～ 30℃
生長適溫｜ 15 ～ 35℃
※ 直播
※ 長密了就分多次收成

Q&A

Q. 為什麼搭了溫室，還是會有蟲啃的痕跡？

A. 首先檢查尼龍網的尺寸是否恰當，尤其邊緣是否確實密封，才能防止蟲害侵襲。另外，也可能是蟲卵之前已隨著土壤寄生，可更換乾淨的土壤，或將土壤經過曝曬的消毒處理後再使用。

尼龍網的密合度，以及土壤是否乾淨，會影響防蟲效果。

延伸變化 1
加寬型溫室

如果要栽培的作物較多，也可將溫室加寬，打造成 3 排蔬菜箱。只要算好走道的間距，計算出需要的水管數量，以及足以覆蓋的尼龍網尺寸大小，即可搭設符合您需求的溫室規模。

延伸變化 2
加高型溫室

如果佔地不足，也可以將種菜箱組成上下兩層，在有限的空間內，增加種菜箱的數量。當然，在配置栽種的作物種類時，要考量下層是否會有部分遮蔭，選擇需光量略低的種類，以免生長不良。上層的箱子，就不宜栽種過高的種類，以免維護、採收不易。

陸

其他變化應用

除了前述的種菜箱組裝形式，因應環境或需求，種菜箱還可以靈活變化組合，以下分別來看看實例。

1. 階梯式組裝

種菜箱除了高度整齊劃一的排列，也可組裝成階梯造型，根據土壤深淺，栽種合適的作物。而且階梯可高可低，甚至是延長成一排牆面來美化景觀。從最簡單的 L 型，可再往旁邊或上面延伸為雙 L 型、三階型，端看你的空間和栽種需求，彈性組裝變化。

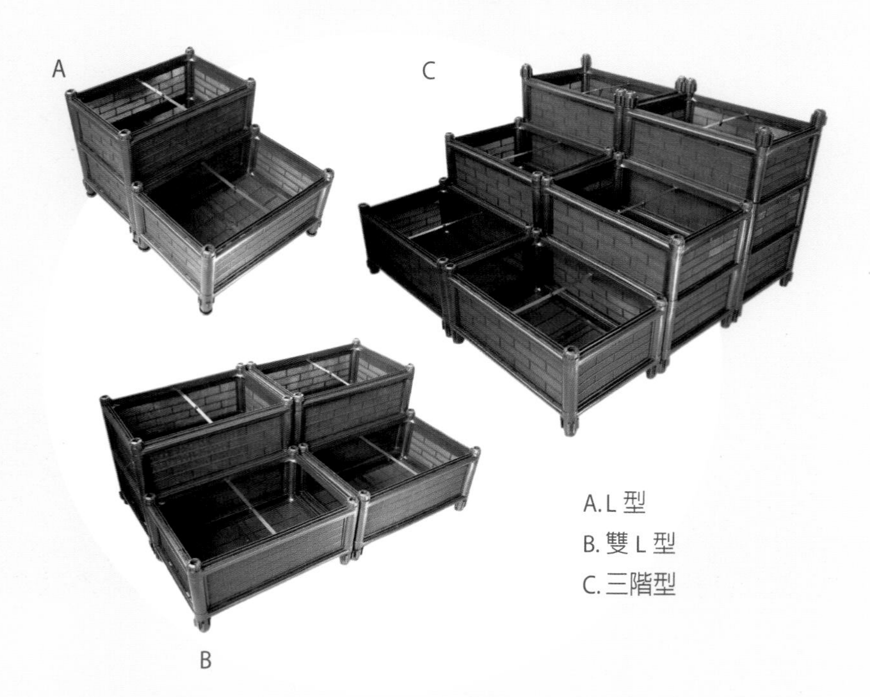

A. L 型
B. 雙 L 型
C. 三階型

D

E

D.沿著牆邊設置L型種菜箱，搭配紫色的蔓性植物鴨趾草，增添一番牆邊景觀。

E. L型高低落差的栽種，視覺上更有立體感，上層土壤深，可以栽種水果、蘿蔔等根莖類作物。

F. 善用階梯空間，結合隧道棚架，營造綠色走廊的景觀。

F

2. 超大型連通栽種樹木

如果想栽種喬木、大型果樹，需要提供更深厚寬廣的土壤，可以將種菜箱組合成大型的連通箱，內部仍保留框架，但不安裝隔板，即可讓整體結構穩固，植物根系也能充分生長。

長寬各為 3 箱長邊、4 箱短邊，深度為 3 箱的大型連通。

組裝好種菜箱，倒入土壤之後再栽種植物。果樹或喬木栽種初期，根系尚未穩定，可從主要枝幹拉繩索，綁到底腳上，以免樹木被強風吹歪吹倒。

主樹周邊還可栽種葉菜類，充分利用土壤，也可增加收成。

※ 歷經 2015 年蘇迪勒、杜鵑大颱風，樹沒吹倒，箱子也沒變形。

安裝結構圖

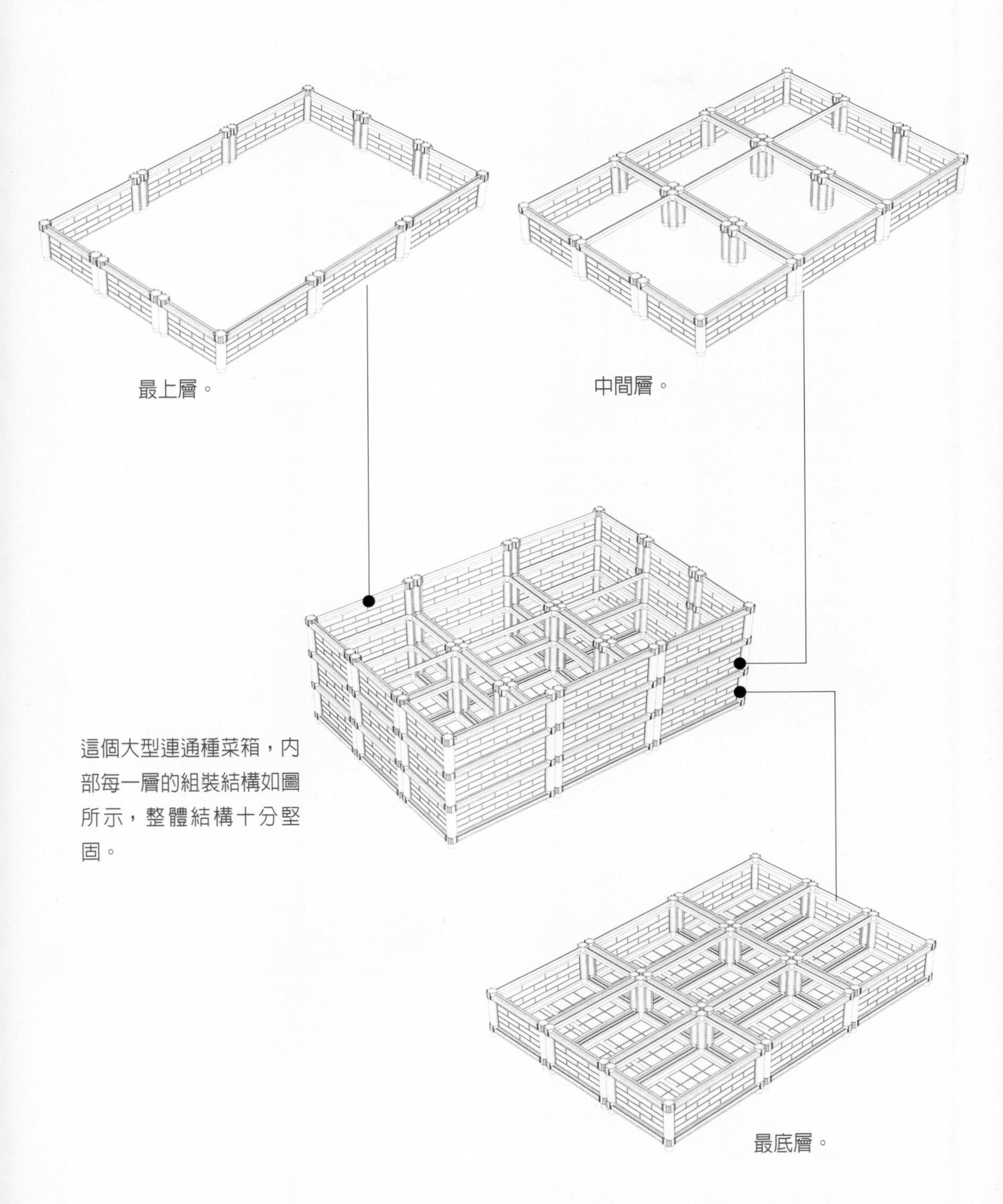

這個大型連通種菜箱，內部每一層的組裝結構如圖所示，整體結構十分堅固。

3. 移動式花圃

在沒有土壤的地面上，利用種菜箱來栽種亮麗的草花，不用施工，立即就有美麗的花圃，還可隨時調整花圃位置及形狀。

4. 大幅地景營造

圓山飯店的大面積露臺，利用 3000 個種菜箱，經過花卉色系配置，讓原本閒置的空間，煥然變成一座空中花園。從各樓層的走廊，都可俯視欣賞這片優美的景緻。

A.種菜箱透氣性好，栽種花卉也能亮麗綻放。

B.不用大舉施工，也能快速營造美麗地景。

A

B

5. 公共空間美化

苗栗西湖服務區，有橫跨國道的空橋連接南、北兩大廳，在空橋上可以鳥瞰高速公路往來車輛，在走道側邊，使用種菜箱栽種花卉植物做景觀美化。

利用種菜箱栽種花卉做綠化。

設置自動澆水系統

假如生活較為忙碌，無法即時為菜園澆水，或者栽種面積較大，想節省澆水的時間和人力，可以藉由自動澆水系統的幫忙，設定好時間與水量，就不用再擔心菜園的澆水問題。自動澆水器操作簡單，使用 2 顆 3 號電池，設定每天開關 1 次，電池可用達 1 年以上，而且快沒電時，還會發出蜂鳴聲響，以提醒更換電池。

定時澆水系統套件組合。

澆水器左邊旋鈕是設定澆水的頻率，右邊旋鈕設定每次澆水時間持續多久，可設定任何想要的澆水間隔或澆水時間，也可改為手動立即澆水。

※ 自動澆水器實用又簡易，還因此獲得 2004 年金頭腦獎的肯定！

自動澆水的灑水噴頭有不同的尺寸大小可供選擇，並可調整灑水量。

大面積旋轉噴頭

小噴頭(可調整滴水或噴水)

澆水頻率：

夏天建議調整為 12 ～ 24 小時，澆水一次

冬天建議調整為 48 ～ 72 小時，澆水一次

澆水時間：

建議早上 8:00 前、下午 5:00 後澆水

組裝
STEP BY STEP

STEP 1

有牙水龍頭可保持水壓穩定不鬆脫，無牙水龍頭則須將轉接頭接上。

STEP 2

將定時器鎖緊，裝在水龍頭上，下面則接上水管接頭，注意黃色頭可調水量大小，不要鎖緊，以免水出不來。

延伸應用｜**花卉盆栽**

窗邊、陽台栽種花卉盆栽，也可以利用自動澆水系統，定時定量幫植物補充水分。

STEP 3

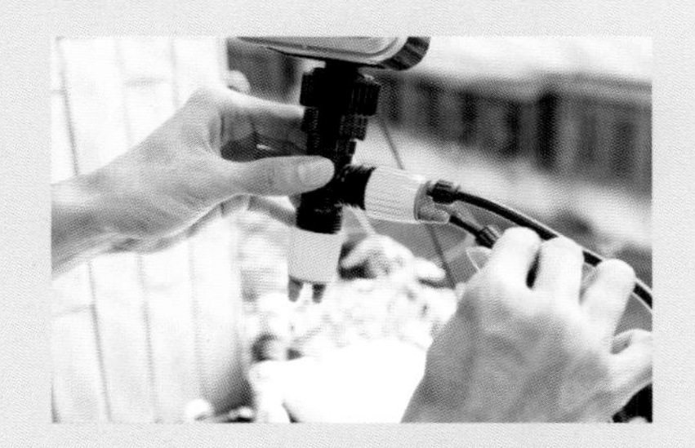

細管剪成適當長度，鎖在噴頭接管上，可再繼續接上細管串接其他箱子。

STEP 4

如末端不續接水管，則將末端鎖入一個小噴頭，轉緊水就不會流出。將噴頭鬆開一點，可調整水量，噴架直接插入土裡即可。

TIPS

另可搭配晴雨偵測器，當偵測達到一個降雨量，就會自動取消 12 小時內的澆水設定，可節省水資源。

PART 3

用種菜箱堆肥、孵芽菜

3-1　製作耗氧乾式廚餘堆肥

3-2　室內也 OK ！來孵芽菜

壹／製作耗氧乾式廚餘堆肥

種菜箱的土壤，需要定期補充肥份。將種菜箱兩個連通並加高至 7 層就是一個大型廚餘箱，供學校、社區、頂樓大面積的菜園堆肥使用。家庭小型堆肥箱每一個單箱上下堆疊多箱，就可作為堆肥箱使用，而且通氣好、腐植快、無臭味，可分層堆放，第一層放滿了再堆第二層，完熟後整層取出，混合 3 ～ 5 倍介質就可直接投入種菜箱或做基肥、追肥使用。

←大型堆肥箱

↑雙連加高七層大型堆肥箱

家庭或社區菜園，利用種菜箱自製堆肥來補充土壤養分。

1 組裝堆肥箱
STAGE

基本款堆肥箱組合後為獨立兩個單層及架高水盤，尺寸為長 45 公分、寬 30 公分、高 56 公分，如廚餘量多，還可再加購數層堆疊。

↑家庭用小型堆肥箱

※末組裝前，箱子疊在一起，使用一字起子或剪刀由四個角落撬開。

※組裝時需帶上綿紗手套並使用塑膠槌敲擊較易完全套入組裝，也較為堅固。

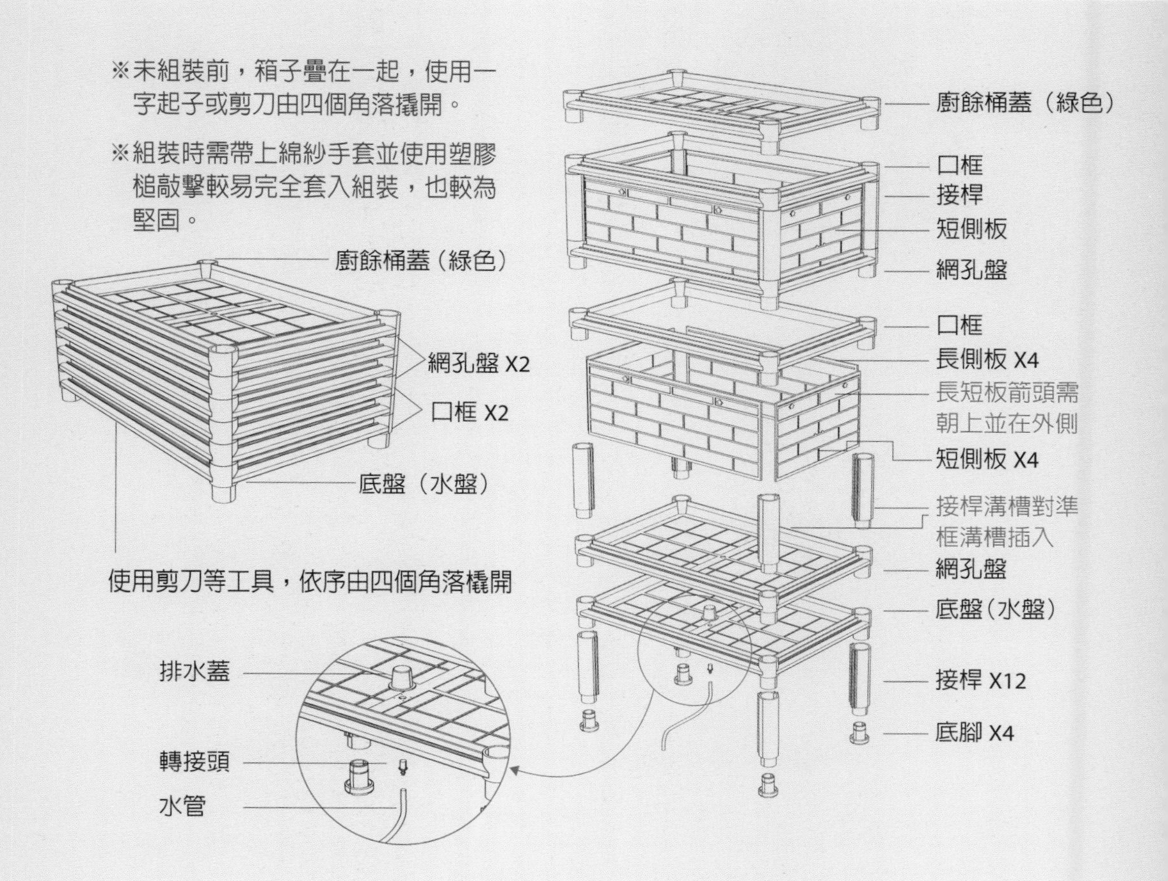

2 製作堆肥 STAGE

堆肥 STEP BY STEP

材料｜椰纖維（或泥土）、耗氧堆肥菌種、果皮／廚餘／落葉／米糠

STEP 1

在箱內放入約5公分高的椰纖維，且需壓實。或使用一般土也可。

STEP 2

將廚餘切碎並瀝乾水分再放入箱內，再利用花盆或磚塊用力壓實，發酵較快。

STEP 3

均勻灑上大約一把耗氧菌種，可降低異味、防止蛆蟲產生。堆肥過程中產生綠色或白色菌絲，及微酸味都屬正常現象。

STEP 4

再鋪上一層椰纖維（或泥土）將廚餘完全覆蓋，壓實後蓋上蓋子即可。

工具｜手套、剪刀、磚塊

STEP 5

第一層堆滿置放於底盤（水盤）上，水盤下方接出水管，可放一瓶子收集廚餘液肥。

STEP 6

第二箱重複步驟 2 ～ 4，持續往上堆疊數層，約需 6 ～ 10 週才能完全腐熟。

CHECK 如何判斷堆肥已腐熟？

從最底層開始取出，若結構疏鬆、呈褐黑色，無臭味並具泥土香氣，即代表堆肥已經腐熟，可以使用了。

TIPS 保持堆肥濕潤

在製作堆肥期間，如一週以上沒放廚餘，則要留意並確認箱內是否太乾燥，如缺少水分則需澆水保持潮濕，才能腐熟得更快。

TIPS 蚯蚓堆肥

蚓糞是最天然的廣效性肥料，將蚯蚓放入半熟廚餘之中做堆肥，可以改良土壤，防止土壤偏酸並轉趨中性，產出有益微生物相當豐富的蚓糞。

做法 1

在廚餘堆肥十週腐熟後，置入紅蚯蚓，於四個角落分別挖洞，置入切細的廚餘，可埋入香蕉、蘋果、木瓜皮、或過期麵包、米糠，保持 50% 水份（肉眼看得出土壤潮濕），箱子擺放在通風陰涼處，即可促進腐熟。

做法 2

在水盤上方加一個網孔盤及口框組成蚯蚓置放處，投入椰磚、土壤及些許葉菜類廚餘，營造適合蚯蚓的環境，再投入蚯蚓。蚯蚓養殖與廚餘堆肥可同時進行，蚯蚓飼養於置放處，堆肥於上層，待廚餘分解腐熟後，蚯蚓會再往上爬（尋找食物），繼續促進上層堆肥箱的腐熟。

Q&A

Q1. 哪些材料適合製作堆肥？家裡廚餘量不多怎麼做？

A1. 容易腐化的廚餘、過期的牛奶、麵粉、米糠、落葉、乾草及烤肉木炭灰燼都可以拿來堆肥。如果家裡廚餘量較少，菜市場、早餐店不要的果皮菜渣、咖啡渣、豆渣都可以拿來使用。至於堅硬的魚肉骨頭不易分解，也容易產生異味，則較不建議。

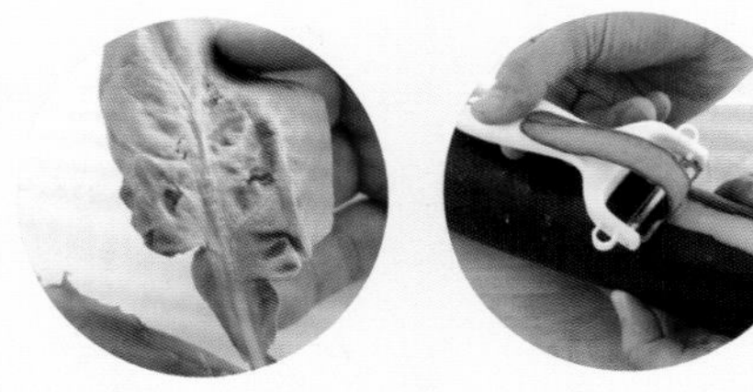
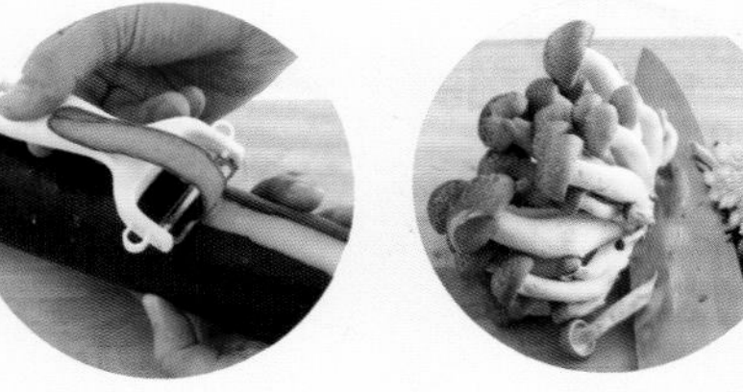
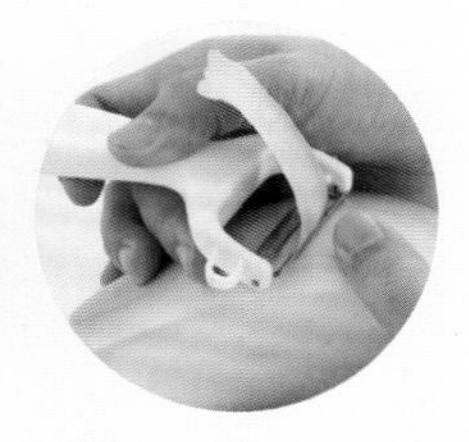

容易腐化的蔬果皮、菜渣，較適合拿來堆肥。

Q2. 蚯蚓堆肥要用哪種蚯蚓？給予的廚餘有限制嗎？

A2. 紅蚯蚓繁殖較快，比黑蚯蚓更有效率，因此蚯蚓堆肥以紅蚯蚓為佳，可較快製造蚓糞。纖維質太高的廚餘不適合蚯蚓吞食，它也不喜歡辛辣、油膩或柑橘類廚餘，木瓜皮和香蕉皮則非常合適切碎埋入餵食。

3 STAGE 使用做好的堆肥

做好的堆肥含有各式礦物質、微量元素及豐富有機質，可以當基肥、追肥來用。由於肥份高，通常不會直接使用，而是添加土壤或其他介質 3 ～ 5 倍以上再來種菜。或是使用較久的種菜箱，發現土壤已變硬、變黏，可將堆肥混入種菜箱中，充分拌勻混合，以改善土壤結構，恢復透氣鬆軟。

A.基肥、追肥

大型堆肥箱，由下層挖出已腐熟的堆肥來使用。

B.液肥

收集廚餘液肥需放 3 週以上，才會充份發酵，將液肥加水稀釋 50 ～ 100 倍可澆在植栽的土壤增加肥份，稀釋 100 ～ 200 倍可噴灑葉子，讓植栽快速成長。用不完或沒用的液肥，可倒回堆肥箱最上層，以增加肥份，或倒入馬桶，可清洗馬桶也有通暢馬桶的效果。

A

↑大型堆肥箱

B

↑家庭用小型堆肥箱

TIPS 蚓糞取得與使用方式

當蚯蚓數量足夠，大約 2 個月即可累積產生無臭無味的顆粒狀或粉狀蚓糞。取得的方式是把堆肥箱倒過來，撬開底蓋即可看見灰色的蚓糞，然後用小鏟子挖出蒐集。

用法 1

蚓糞含有大量有益的微生物，拌入土壤可幫助土壤形成團粒結構，使土壤趨於中性。

用法 2

蚓糞和水以 1：5 的比例調製成液肥來澆灑作物。

用法 3

蚓糞屬於緩效釋放的肥份，可直接施灑一小湯匙在種菜箱中央和四個角落。

灰色的顆粒或粉狀蚓糞。

貳

室內也OK！來孵芽菜

芽菜營養豐富、高纖、熱量低，自己孵芽菜，可以放心生吃，不用擔心添加生長激素或漂白劑。種菜箱的底盤還有另一個妙用，就是作為芽菜的溫床，自己在家孵出白白胖胖的芽菜。

孵芽菜 STEP BY STEP

材料｜底盤一個、網孔盤一個、接桿 4 根、芽菜種子、水

STEP 1

網孔盤在上，組裝好底盤和接桿。

STEP 2

鋪上約 5 公分高的培養土，並撒上種子、澆濕土壤。

STEP 3

芽菜生長速度快，每天早晚澆水兩次（此為小麥草）。

STEP 4

長到合適的高度，就可採收食用了。

TIPS

芽菜類種子，可以先浸泡約 6 ～ 8 小時左右，讓種子吸飽水分，再播到種菜箱的底盤上。若偶見碎粒或有缺損的種子，也可先行挑除。

健康芽菜
推薦栽培

豌豆苗

四季都可種，無季節性，喜好冷涼氣候，因此秋冬時節栽種產量較多。栽培後 7 ～ 12 天便可採收。

蘿蔔嬰

蘿蔔的幼苗，四季都可種，富含纖維素及胡蘿蔔素，營養價值很高。

花生芽

花生芽所含的白藜蘆醇比紅酒多 10 ～ 100 倍，白藜蘆醇具抗氧、抗老化功效。

小麥草

小麥的幼苗，含大量維生素、礦物質及纖維素，擁有極佳食療性。土耕比水耕容易成功。

紫高麗菜芽

幼芽呈紫紅色，顏色鮮艷，含有豐富的花青素以及維生素 A、K、C、U。

葵花苗

向日葵的幼苗，長大後即向日葵。葵花苗富含維生素 C、E 及鐵、鎂、鈣等元素。

Q&A

蕎麥苗

日本人常取之製成蕎麥麵。蕎麥苗也含豐富的維生素C，適合作沙拉及精力湯。

綠花椰菜芽

含豐富蘿蔔硫素，可促進腸胃健康。綠花椰菜芽以3～5天的嫩芽，蘿蔔硫素含量特別高。

Q1. 為什麼使用超市買的綠豆、黃豆來孵豆芽，發芽率都偏低？

A1. 食用級的種子已經過處理，不適合拿來孵芽菜，要到種子店購買新鮮的生機芽菜種子，才適合拿來孵芽菜。

Q2. 芽菜的吃法有哪些？

A2. 作芽菜堅果沙拉、打精力湯、清炒、煮排骨豆芽湯，或是包成潤餅手捲、夾入三明治，都是健康又美味的吃法。

PART 4

案例觀摩

- 4-1　個人
- 4-2　社區
- 4-3　學校
- 4-4　公司行號

種菜—最有成就感的休閒，
體會豐收的喜悅！

壹

住在城市的自耕農，不是夢想、也不是口號，
重視食安，就在自家陽台屋頂開花結果！

CASE 1 別墅頂樓變菜園 下班種菜最紓壓

曾先生在科技公司擔任高階主管，在他的公司頂樓規劃種菜空間，讓員工當紓壓交流的園地。曾先生看到公司頂樓用大盆栽種的菜，居然能長得十分鮮脆，收成豐碩，感到十分訝異。於是想到自家頂樓原本就有南方松棚架，並在下方設置桌椅可乘涼、泡茶，其他空間則是一直閒置著。所以起初先利用南方松棚架，在下方設置一整排上下堆疊的雙層種菜箱，立好支架，種植爬藤類的瓜類、豆類作物。隨著菜苗生長，這個單調的休憩空間有了滿滿的綠意與消暑感，家人

栽種坪數｜頂樓 30 坪、露臺 10 坪
栽種地點｜住家頂樓、露臺
日照條件｜全日照、半日照
重點作物｜葉菜類、瓜果類、水果、辛香料

到頂樓來的次數及停留的時間都變多了，頂樓的實用性提高許多，朋友來訪，一起到這裡泡茶聊天，也多了一個新聊天話題。

從頂樓到露臺
種菜就是最有成就感的家庭休閒

之後，在頂樓的牆邊，也利用多箱連通、堆疊加高的種菜箱，栽種整排的作物，葉菜類、辛香料及水果……應有盡有，家人想吃什麼，就試著買苗、買種子來種種看。隨著季節更迭，等待瓜果成熟之時，隨手就可以採收，是樂趣十足的家庭活動，同時也和周遭的山區景色，有了從近到遠的綠意延伸感。後來，種出心得，覺得住家 2 樓的露臺空間很寬敞，空著實在太浪費了，不如也來種些菜，雖然日照不及頂樓，但只要選對作物，種植需光量較少的作物，經過曾先生家的實證，收穫還是很不錯。

POINT 1 將單調炎熱的棚架綠化

利用原本就有的南方松棚架，栽種瓜果類、豆科類等攀爬生長的作物，讓空洞的棚架有了滿滿綠意生機盎然，家人比以往更常上來頂樓活動，動手一起澆水，巡視看看有無可以採收的作物。

POINT 2 牆邊加高種菜箱，日照較充足

靠近牆邊的位置，將種菜箱整排加高，避免牆面阻擋了部分光線，可讓種植的葉菜類長的更加快速茁壯。茄子類、豆類也可攀附欄杆生長，要採收也是隨手可得、不用彎腰，非常方便。

POINT 3　日照較弱的露臺也能充分運用

露臺雖不及頂樓的全日照，會被住家遮蔽掉一個方向的陽光，但仍有半日照的條件。在靠牆位置同樣利用加高的種菜箱，只要選對生長勢強健、較可耐陰的作物，仍然可以有豐碩的收成。

CASE 2 七旬老翁的活力菜園 育苗、栽種、堆肥全程自己來

張先生夫婦氣色紅潤、健康硬朗，完全看不出來已經年近 80 歲了！由於年幼時期就有種菜的經驗，退後之後很自然的想到把種菜當休閒活動，但礙於都市不比老家有地可種，在看到鄰居李太太利用頂樓種菜的成果之後，張先生也開始在自家頂樓種起蔬菜、瓜果，收穫量已足夠夫婦倆食用，還會留種、育苗，節省買種子及菜苗的花費。

張先生在頂樓也做堆肥，將廚餘、菜渣、較硬的菜梗拿來堆肥，不用再另外買肥料。平時的休閒興趣是釣魚，所以他買的蚯蚓，剛好也可用在堆肥和當魚餌兩用。

栽種坪數｜20 坪
栽種地點｜住家頂樓
日照條件｜全日照
重點作物｜葉菜類、瓜果類

現摘現吃的輕食早餐，健康無負擔

張先生夫婦的早餐，經常是到頂樓巡視一下，摘些生菜、小黃瓜、番茄，洗一洗、切一切，夾入土司中，就是一份清爽無負擔的三明治，吃了元氣滿滿，完全不會造成身體負擔。張先生說外頭的三明治，抹上厚厚的美乃滋、夾入油膩的肉排，實在不適合老人家，自己種植多樣蔬菜做成三明治早餐，就是他維持健康、容光煥發的秘訣！回想起剛開始使用種菜箱，張先生也曾懷疑這塑膠箱是否耐用？現在經過 8、9 年的考驗，都仍在使用，讓他相信這箱子的耐用度。

POINT 1 爬滿瓜果的綠色隧道

兒時記憶中的瓜棚，結實纍纍的小黃瓜、絲瓜、胡瓜，利用兩排種菜箱搭起一座隧道，就能在頂樓重現綠蔭成棚的畫面。摘下來煮出家常的味道，絲瓜麵線、肉絲炒胡瓜，配上醃小黃瓜、脆瓜，就是老人家最喜歡的口味，新鮮清爽又可口！

POINT 2　瓜棚底下種菜，頂樓降溫效果加倍

瓜棚底下的空間也不浪費，夏天可栽種像是紅鳳菜、韭菜、薑、蒜、芹菜、萵苣、茼蒿、香菜、結球生菜、大蔥這類需光量較少的蔬菜。瓜棚再加上底下的種菜箱，對於頂樓降溫也有雙倍效果。

POINT 3 栽種當季時令蔬果搭配忌避植物

平常只有夫婦倆口人吃飯，有一半的種菜箱是用來栽種四季都可收成的好種蔬菜，以及各季盛產的時令蔬果，其間再穿插種植少量忌避植物，不用農藥也沒有發生病蟲害。冬季煮火鍋，蔬菜簡單洗一洗就可下鍋，都不用擔心買外面的菜有農藥殘留，熬煮到湯裡喝下肚的問題。

貳／社區

社區除了健身房、游泳池、視聽室之外，

還有什麼設施是更實用的嗎？

CASE 1 林口「竹城佐賀」社區 居民熱衷的養生活動

「竹城佐賀」社區座落在新北市林口台地的新市鎮重劃區，周邊仍有許多未開發的空地，經常可以看到鄰近的居民在空地上搭起菜棚種植各種蔬菜，不久後建商開始整地興建大樓，整片菜園即迅速被剷除。社區主委發現社區有多位上年紀的老人家也參與其中，看他們播種、耕耘、期待收成，卻再次地被無情的摧殘。於是他想到社區屋頂那片完整的空間，如果能闢成農場，讓這些老年人有安定的種菜場所，播種後就不必擔心何時土地又被開挖了。在徵詢大家的意願和頂樓住戶同意後，就先以 20 平方公尺面積的屋頂空間，規劃兩座不需彎腰的高架網室植栽棚和一座隧道型植栽棚架，啓動了社區農園的腳程。

老少咸宜
從一方菜園變成 300 坪小農場

管委會也制定了農園管理辦法，包含維護經費的運用、毒性植物與非法植物的禁植、農肥使用的規範，環境秩序的維持等防範未然的措施。農園經營初期，習慣在土地上種植的住戶對於缺少土壤的淺層介質是否能種出美味的蔬菜感到質疑，年輕住戶倒是愉快的一格格種植了許多種類的蔬菜。老人家豐富的種植經驗與年輕人從網路搜尋資訊的交流，蔬菜成長的比預期茂盛，原本缺少互動的社區因為種菜的共同話題也開始熱絡了，這是意外的收穫！

後來，管委會熱心的尋求社會資源，以及新北市政府的綠能屋頂示範計劃補助，將社區菜園擴大到 300 坪的小農場。管委會在完成階段任務後，繼續輔導認養住戶成立志工團隊，將管理經營的任務託付給實務經驗較豐富的團隊執行，朝永續發展的目標前進，是很成功的範例。

栽種坪數｜300 坪
栽種地點｜社區頂樓
日照條件｜全日照
重點作物｜葉菜類、瓜果類、根莖類

規劃重點
PLANNING POINT

POINT 1 制定管理辦法，種植戶組織社團認養管理

300 坪公用菜園，由管委會制定明確的管理辦法，需尊重頂樓住戶安寧，如農務時間、環境維護和肥藥使用皆須明確合宜。屋頂農園由種植戶組織社團認養管理，如：澆灌、排水、病蟲害防治及風災預防等，以有助於菜園永續運作。

POINT 2 因應銀髮族住戶，架高種菜更省力

使用種菜箱不需進行屋頂結構層施工，降低住戶對排水與漏水的疑慮與阻力。腰腿較弱的老年人也可以站著種菜；想要栽種瓜果類作物，也是增加幾個框架組件就可搭設好瓜棚。

POINT 3 搭設溫室，增加栽種種類多樣化

經營初期，習慣在土地上種植的住戶會懷疑，如此淺層介質，能種出美味蔬菜嗎？事實證明，成果不僅不輸種在土地裏的菜，連芋頭、番薯、花生等根莖類作物也長得很好。搭設溫室之後，還可防風、防大雨、防蟲、防鳥，連草莓都可以種的很鮮紅香甜。

CASE 2 新店區大鵬里社區
節能減碳菜園的最佳示範

愛好有機種植的許老師先購買 350 個種菜箱，裝設在新店大鵬社區活動中心樓頂。民國 100 年時參加「新北市低碳霸主就是里」活動，勇奪第一名，獲得獎金 30 萬元。又再增設約 700 個種菜箱。之後參加各種比賽共陸續獲得 50 多萬元的經費，擴大至目前約 300 多坪的種植規模，裝置約 1500 個加高種菜箱。

經 3 個月十多位義工的努力，每個月已可不定期由里長分送蔬菜給當地年長老人。大鵬社區住戶亦可每天上樓頂，購買較市售便宜的健康安全有機蔬菜。每月約可銷售獲得 2 ～ 3 萬元收入，扣除採買必要的耗材用品，還可經常捐款給創世基金會等慈善機構。

大鵬社區的種植實例，經過公共電視多次的採訪報導，已有三十多個單位或團體陸續前往參訪。包括：工研院主辦的廚餘堆肥示範教學觀摩團、雙北社區規劃師觀摩團、台中市都發局、基隆市環保局…等，以及台大社會系研習觀摩、新聞局採訪、前台北市長黃大洲也蒞臨參觀指導。大家藉由參訪觀摩，學習大鵬社區的種植經驗，讓社區營造活潑又成功！

推動食農教育與屋頂農夫市集

屋頂菜園的菜，從葉菜類到絲瓜、胡瓜、苦瓜等瓜果類都有，栽種成果斐然。收成之後，居民之間互相交換分享，原先疏離的關係都因此而熟絡起來。就連社區的幼兒園也跟進，開闢一塊蔬果種植區，讓小朋友親自參與農事，食農教育從小扎根。社區還舉辦了屋頂農夫市集，讓沒有栽種的住戶，也能享用自家社區出產的安心蔬果。另外還設置了雨撲滿將雨水回收澆灌；有機堆肥箱收集住戶的果皮菜渣，製作有機肥來滋養菜園，並可減低垃圾量。在種菜的同時，也能響應「節能、減碳、愛地球」兼做環保。

在里長以「都市休閒農耕社區」為目標，用心經營三年之後，這片兼具綠化與食用的頂樓蔬果園，成效亮眼，更獲得新北市綠美化競賽的肯定。

栽種坪數｜300 坪
栽種地點｜社區頂樓
日照條件｜全日照
重點作物｜葉菜類、瓜果類、辛香類

POINT 1 環保又節能的頂樓菜園

屋頂尚未開闢為菜園之前，高樓層在夏天時總是飽受炎熱之苦。屋頂綠化後，隔絕熱源，確實發揮降低室內溫度的效果，還吸引許多鳥類與蝴蝶來訪，小朋友可就近親近大自然。

POINT 2　設置堆肥箱，朝著零廚餘、零廢棄的目標邁進

種菜箱除了用於種菜，也可做為堆肥箱來使用，運用居民收集的自家廚餘製作成堆肥，垃圾減量還可節省種菜肥料的開銷。

POINT 3　食農教育從小落實

社區的幼兒園也跟著開闢蔬果種植區，讓小朋友都能動手栽種蔬果，觀察蔬果的生長過程，從小培養種有機、吃有機的健康觀念，也能珍惜得來不易的食材。

參／學校

食農教育，從小紮根！

了解食材來源，正視食安的重要性

CASE 1 淡水商工
園藝科蔬菜栽培實習場

淡水商工園藝科，利用教室建築物的頂樓，設置了一座蔬菜栽培實習場，提供學生能夠實務操作的場域。在學期課程的規劃中，學生在教室課堂上了解現今台灣農業科技的發展和技術，也談到都市化所造成無可避免的農地日益減少的現況。而種菜箱的發明，巧妙的解決了在都市難以實現田園生活的窘境，使農業有一個新的發展方向，朝著精緻化管理前進。現代農業，不一定要揮汗如雨，例如透過水資源回收，或運用自動澆水系統等設備，農業可以輕鬆、可以休閒，更是結合環保愛地球的產業。

栽種坪數｜200 坪
栽種地點｜教室頂樓
日照條件｜全日照
重點作物｜葉菜類、辛香料、瓜果類

實習精緻化農業管理

學生除了在教室聽課，也會一起到蔬菜栽培實習場，親自動手操作種菜箱的組裝，學習溫室、棚架的搭建方式。認識種菜的相關資材及工具，親手調配種菜的介質，還有種子的育苗、定植、澆水施肥管理，都可以完整實習，並和校園的地上菜園栽培做觀察與比較，讓園藝科學生不只是從書本獲得學識，還有實務操作的經驗，學習成效獲得師生的認同。

學生分組實習種菜箱的組裝與土壤調配，透過實作參與，學習效果更佳。

規劃重點
PLANNING POINT

POINT 1 操作種菜箱、自動澆水的組裝方式

學生可分組練習種菜箱的各種組裝方式，以及配合季節栽種當令作物，並學習搭配自動澆水系統的安裝，讓頂樓菜園更容易維護管理。

引導學生先從短期蔬菜開始栽種，如葉萵苣、茼蒿…等，可先培養出信心與成就感。還有調味蔬菜芫荽、青蔥也可嘗試種植。

POINT 2 學習溫室搭建與高產值栽培方式

引導學生利用溫室栽種，克服頂樓風勢較強或有鳥食、蟲害的問題，學習在一個有限的生產面積之下，朝向精製化、高產值的農業生產。

CASE 2 萬華國中
屋頂平台農園示範點

田園城市是黃大洲先生任職台北市長時的構想，在他自家屋頂種植蔬果也已有 2、30 年的經驗。退休之後，在眾多同好者齊聲鼓勵下，成立「屋頂平台農園推廣協會」，透過經驗交流分享，說明都市屋頂農園的可行性與趣味性。萬華國中、大安敬老院、萬芳醫院的屋頂，都是重要的示範據點，希望在面積較大的公共場域率先推行，像是學校、區公所、警局……，宗旨就是將地面上被建築、設施所使用的綠地面積，可以透過屋頂平台的種植再補回來。萬華國中的屋頂菜園由吳校長帶領學校教職員約 20 名認養，利用每天課後時間管理維護。校方表示，相較於種花還有觀賞花季，種菜能經常收成，更有成就感。校慶之際，菜園也是成果展示的場域之一，豐碩的蔬菜瓜果，都是師生一起耕耘的成果！

栽種坪數｜ 185 坪
栽種地點｜教室頂樓
日照條件｜全日照
重點作物｜葉菜類、爬棚瓜果

規劃重點
PLANNING POINT

POINT 1 種菜箱從低到高排列，生長茂密宛如一座綠色樂園

菜園最前面是加高一節接桿的種菜箱，然後中間是加高 4 節的免彎腰種菜箱，後方則是 6 組棚架隧道，當蔬果作物陸續生長、爬棚，看過去就是從低到高、富有立體感的綠色園地，而且一叢一叢的作物，視覺上很討喜，師生們穿梭其間，開心地在一座綠色樂園中探尋並認識食材。

POINT 2 落實資源回收再運用

菜園設置初期由種菜箱廠商提供教學指導，並加裝雨水回收塔、加壓馬達及自動澆水系統，以控制時間自動澆水，當週休二日及寒暑假，校園無人力維護時，可解決植物供水問題，有效節省照顧蔬果的人工澆水作業時間。所以這菜園也是資源回收再運用的最佳示範。

肆／公司行號

工作壓力大的上班族，不必昂貴的娛樂來紓壓，

捲起衣袖，到公司頂樓種種菜，壓力就隨著汗水一起釋放掉了！

CASE 1 食尚策宴 複合式綠屋頂菜園

在寸土寸金的都會區，各級機關、商辦大樓的頂樓空間，自然成為實現城市綠洲的最佳選擇。開闢空中菜園，除食用價值，還可降低頂樓輻射熱，也提供一個休憩交流的空間，業主多半樂見。

位於台北市信義區的 FooShion SKY FESTIVAL 食尚策宴，是一座屋頂廚藝教室複合屋頂菜園。營運長賴君宇，觀摩日本與歐美的商場屋頂，看見許多案例成功打造兼具蔬花園、運動場等多元功能的頂樓運用，於是在台北精華地段的商場頂樓，結合自己廚藝教室的經驗，打造了食尚策宴這個複合式空間，意圖帶出在都會區不一樣的頂樓菜園潮流。鬧區商場的頂樓菜園，因應都會人的生活習慣或需求，又有了不同的功能延伸。

栽種坪數｜80 坪
栽種地點｜建築物頂樓
日照條件｜全日照
重點作物｜香草、葉菜類、瓜果類

以食尚策宴的規畫為例，概念是一座可活動式菜園，因此全面使用蔬菜種植箱，並且架高、加裝輪子，讓菜園的位置、動線 可以隨時改變，如此空間就能彈性運用。

種菜還能學廚藝、做公益

考量都會區較少接觸農耕生活，食尚策宴的菜園是以體驗或套裝課程的概念來設計，在菜園旁邊設置廚藝教室，邀請廚師示範教學，教導學員從認識菜園裡的蔬果、香草、辛香料，然後可親自動手採收、處理，煮出美味的料理，讓頂樓菜園成了下班後紓壓、社交、學習的一個時髦新選擇。

此外，這片菜園也號召周邊企業做認領，結合公益活動，灑下愛的種子，等到收成之後再發送到弱勢團體，讓種菜變成散播愛心，號召公益的行為，意義更為深遠。

POINT 1　移動式種植箱，方便空間靈活運用

頂樓的視野絕佳，經常結合廚藝課程或舉辦活動，以種植箱的方式來栽種，最大的好處就是可以隨時配合活動，做適當的動線安排，機動性高，也能常保地板的整潔，環境很好維護。

POINT 2 綠色隧道優美景觀設計

利用寬廣的階梯，打造了兩道隧道，以水管連接兩側的蔬菜箱，種植番茄、百香果這類爬藤植物，隨著植物攀爬生長，優美的綠色隧道景觀，值得慢慢期待，結果期間更是令人驚艷！

POINT 3　推動食農教育與企業認養

都會區的兒童，少有機會接觸農地，工商人士也多繁忙於工作崗位。利用這片屋頂菜園，開設食農教育課程，號召親子一同參與，了解自己吃的食物是怎麼栽種生長。另外也開放企業認養種菜箱，上面可豎立認養機構的稻草人，在都會區也能就近接觸大自然。

CASE 2 中華電信頂樓菜園
員工捲袖揮汗的開心農場

中華電信台北西區營運處鄭經理，藉由參與「中華民國企業環保獎」來提升企業形象。經過育材公司的提案後，鄭經理決定採行，在頂樓種菜不但可達到頂樓地面降溫具備節能減碳的效果，一起學習種菜也可增加員工間的互動交流。為了讓員工更容易上手，特地安排多堂簡報教學，仔細解說入門種菜技巧及日常照顧方式。

起初，同仁會覺得這是額外增加的工作，但是幾次的種植和收成體驗，看看綠色植物也能讓整天盯著電腦螢幕的眼睛得到放鬆，上來頂樓種菜不再只是一件應辦事項，而是自發性的抽空整理菜園。全程自己把關，食用自己費心種植的菜，有種格外安心的感覺。

栽種坪數｜100 坪
栽種地點｜辦公室頂樓
日照條件｜全日照
重點作物｜葉菜類、瓜果類、水果、辛香料

用種菜獲得企業環保獎肯定

同仁們表示，以前買菜總擔心有農藥殘留的疑慮，花費大量的水來沖洗，現在自己種蔬果，除了擔心有沒有菜蟲早一步來吃掉，其他的都不需擔心，動手種菜真是最開心有益處的事情了！這一座原本空蕩的頂樓，規劃成菜園之後，再經過員工們齊心的照顧，從葉菜類到瓜果、香草、辛香料都有，並且種類愈種愈多。中華電信台北西區營運處也因此順利取得 2010 年中華民國企業環保獎，全員備感光榮。

規劃重點
PLANNING POINT

POINT 1　提供完善種菜課程學習

住在都會區的員工們，多半沒有種菜經驗，也是第一次使用種菜箱，為了讓大家能順利上手，先安排課程講解種菜的基本知識，像是自己種菜的好處、土壤的選擇，播種或使用菜苗、澆水施肥方式，以及認識種菜箱的特色與使用…，因此員工都能順利開始種菜，並邀請種菜專家到菜園中輔導、解答疑難，讓員工成功種出第一箱菜，培養出興趣就會自動自發繼續栽種。

POINT 2　多樣化種植，營造美麗蔬花園

頂樓空間有 100 坪大，規劃了 5 組綠色隧道可種植瓜果類、根莖類及可攀爬的作物。葉菜類也分為 5 組，每組由 10 個四連通箱組成（90x60 公分），可大面積種植葉菜類及香草類作物。果樹類則有 10 個三層雙連通箱，較大較深可種植果樹等木本植物，藉由配置多種類的種植，菜園就是一座美麗的蔬花園。

POINT 3 學習有機無毒的種菜方式，還能兼做環保

將員工分組管理菜園，由於種出來的菜都可採收回家烹煮，因此遇上病蟲害、鳥類啃食的問題，員工就會尋求無毒害的防治方式，例如：使用木醋液、辣椒、大蒜、樟腦油、酒精等，對付蚜蟲、螞蟻、介殼蟲；防鳥的話可使用旗幟，隨風飄動就可遏止鳥類不敢接近。另外也設置堆肥箱，將落葉、雜草、廚餘，甚至是員工飼養兔子的排泄物也可收集放入堆肥箱裡，一起腐熟成堆肥。

附錄｜**種子的播種、育苗、與定植**

買回市售的蔬果種子之後，播種的時間、份量如何拿捏恰當，才能提高發芽率，而且不會浪費種子，有以下幾個重點要掌握。

Tip1 看懂種子包

選對季節種菜非常重要，通常種子包上會標示該蔬菜適合播種的季節或溫度，還有種子的處理方式，栽培的注意事項等等，建議先看過之後再拆封使用。

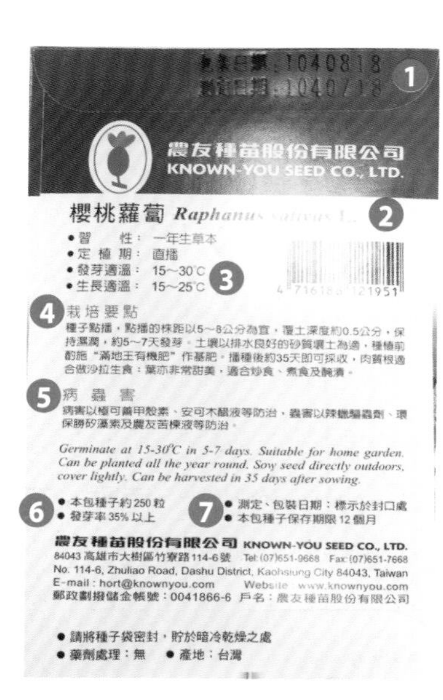

❶保存期限

通常以一年為限，超過保存期限的種子，會降低發芽率，不建議使用。

❷名稱

包含中英文、學名等資料，有時候正式名稱和俗名都會並列，讓消費者較好辨識。

❸發芽與生長適溫

蔬菜發芽期和生長期的溫度略

有差異，雖然不見得要按照包裝的溫度才能種植，但生長適溫通常代表著適合栽種的季節，在適當的季節栽種，蔬菜才會生長快速、且發育良好。

❹栽培要點

會建議播種方式、日照環境、澆水、土壤及施肥…等栽種細節，對於新手來說是非常實用的資訊。部分種子包還會列出發芽天數和移植時機，有助消費者後續栽種。

❺病蟲害

常發生的病蟲害類型，以及建議的處理方法。

❻發芽率

是購買種子包的重要參考資訊，一般以 60% 為分界點，高於 60% 的數值代表還算好發芽，低於 60% 的數值成功率較低，撒種量要酌增。

❼測定 & 包裝日期

包裝袋上會印有該包種子檢測、包裝日期，幫助消費者推算保存期限。購買時也可以包裝日期選購較新鮮的種子，發芽率較高。

Tip2 種子泡水催芽

在播種之前，小型種子可先泡水約 2 ～ 4 小時；中型種子約泡 8 ～ 12 小時；大型種子約泡 24 ～ 48 小時，可軟化種皮，促進種子發芽。水位大概與種子平高即可，浸泡的水位過高或浸泡過久，會使種子缺氧失去活力。

Tip3 選擇播種方式

種子播種方式可分成「直播」與「育苗」兩種方式。直播是指將種子播在栽種的土地或盆栽，直接發芽茁壯到收成。適合直播的作物有短期葉菜類，像是小白菜、莧菜、茼萵……，因葉片小、短期就能收成，可以密植栽培。另外還有根莖類、豆類、五穀雜糧類，也適合直播。

育苗是指先將種子播在小格穴盤，等種子發芽並長出本葉3～5片時，再移植到土地或盆栽。好處可以大幅降低幼苗期的風險（如大雨、害蟲），確定幼苗和根系都很健康，再移植到耕地，如此也好控制植株的恰當間距。

1.直接播種在種菜箱中：直播分成撒播、點播、與條播3種方式，以下分別說明。

撒播｜適合短期葉菜類，或細小型的種子。為避免種子密度太密或太稀，種子可以和土壤混合，再平均撒佈在種菜箱土壤表層，種子分佈就會比較均勻。

撒播種植，植株的分佈較無法整齊劃一。

點播｜點播適用在顆粒大的種子或較昂貴的種子、作物，以及具直根性，不耐移植的作物（如紅蘿蔔、白蘿蔔），並可掌控栽種的密度，也最為節省種子。根莖類播種間距約 20 ～ 30 公分；豆類約 30 ～ 40 公分；結果類蔬菜約 40 ～ 60 公分。萬一發芽失敗，再補種子。

在種菜箱挖好小洞穴再播入種子，並覆土、澆水，點播種植長出之後間距一致。

條播｜適用在中大型種子或較昂貴的種子，依適當的間距在種菜箱中壓出淺溝，再播入種子，也是比較節省種子的方式，較點播更簡便一些。

條播法簡便又節省種子。

疏苗｜直播的種子發芽之後，若有瘦弱生長不良的小苗，可用鑷子夾掉，或是植株生長或密，可夾出部份，在其它箱子另外種植，稱為疏苗。好處是可讓作物生長空間足夠，土壤的養份也留給良好的小苗發育成長。

2. 先育苗再定植到種菜箱：居家進行育苗，可使用穴盤填入乾淨的介質，每格約播入 1 ～ 3 顆種子。發芽之後，觀察根團若已經生長完整，株高約 5 ～ 10 公分，就要盡速移植到種菜箱中繼續生長。

菜苗株高約 5 ～ 10 公分即可換盆，定植到種菜箱。

育苗
STEP BY STEP

STEP 1

準備好穴盤與種子。穴盤也可以使用雞蛋盒、蛋殼、一寸或兩寸小盆代替。

STEP 2

在穴盤填入乾淨介質，再播入種子，並寫上播入的植物名稱和日期。

STEP 3

以較細緩的水量澆灑穴盤，等待菜苗發芽、生長到約 5 ～ 10 公分即可換盆，定植到種菜箱。

Tip4 妥善保存剩餘種子

每包種子可能有數十顆到數百顆種子，如果沒有用完，最怕潮濕發霉。建議將種子裝到密封袋或密封罐中，放置在乾燥陰涼的場所，也可放到家裡冰箱冷藏室的邊門，避免讓種子暴露在室溫中吸收水氣，以免貯存的壽命減短。

種子要密封妥善保存，以維持種子活力。

蔬果種子到哪裡買？

一般各大花市、販售菜苗的店鋪，都可以買得到蔬果種子。如果有特定想尋找的種子，或者用量較大，可向專門的種苗公司洽詢購買：

興農種苗股份有限公司（02）2976-5236 / 農友種苗股份有限公司（07）651-9668

空中菜園！用種菜箱實現城市田園樂

作　　者　蔣榮利、蔣宜成
社　　長　張淑貞
副總編輯　許貝羚
主　　編　王斯韻
責任編輯　鄭錦屏
美術設計　繁花似錦、關雅云
特約攝影　陳家偉、王正毅
行銷企劃　曾于珊

發 行 人　何飛鵬
事業群總經理　李淑霞
出　　版　城邦文化事業股份有限公司　麥浩斯出版
E-mail　cs@myhomelife.com.tw
地　　址　104 台北市民生東路二段 141 號 8 樓
電　　話　02-2500-7578
傳　　真　02-2500-1915
購書專線　0800-020-299
發　　行　英屬蓋曼群島商家庭傳媒股份有限公司城邦分公司
地　　址　104 台北市民生東路二段 141 號 2 樓
電　　話　02-2500-0888
讀者服務電話　0800-020-299（9:30AM~12:00PM；01:30PM~05:00PM）
讀者服務傳真　02-2517-0999
劃撥帳號　19833516
戶　　名　英屬蓋曼群島商家庭傳媒股份有限公司城邦分公司

香港發行城邦〈香港〉出版集團有限公司
地　　址　香港灣仔駱克道 193 號東超商業中心 1 樓
電　　話　852-2508-6231
傳　　真　852-2578-9337
新馬發行　城邦〈新馬〉出版集團 Cite(M) Sdn. Bhd.(458372U)
地　　址　41, Jalan Radin Anum, Bandar Baru Sri Petaling,57000 Kuala Lumpur, Malaysia.
電　　話　603-9057-8822
傳　　真　603-9057-6622
製版印刷　凱林彩印股份有限公司
總 經 銷　聯合發行股份有限公司
電　　話　02-2917-8022
傳　　真　02-2915-6275
版　　次　初版一刷 2016 年 3 月
定　　價　新台幣 320 元／港幣 107 元
Printed in Taiwan

國家圖書館出版品預行編目(CIP)資料

空中菜園！用種菜箱實現城市田園樂／蔣榮利、蔣宜成著. - 初版. - 臺北市：麥浩斯出版：家庭傳媒城邦分公司發行, 2016.3
　面；　公分
ISBN 978-986-408-073-1(平裝)
1.蔬菜 2.水果 3.栽培
435.2　　104017065